Mr.Know All

从这里，发现更宽广的世界……

高高 BOOKS

科学大王
生命奥妙

小书虫读经典工作室 编著

天地出版社 | TIANDI PRESS

图书在版编目（CIP）数据

生命奥妙 / 小书虫读经典工作室编著. — 成都：
天地出版社，2019.7
（科学大王）
ISBN 978-7-5455-4884-6

Ⅰ.①生… Ⅱ.①小… Ⅲ.①生命科学—少儿读物
Ⅳ.①Q1-0

中国版本图书馆CIP数据核字（2019）第080945号

SHENGMING AOMIAO

生命奥妙

出 品 人	杨　政
编　　著	小书虫读经典工作室
责任编辑	李　蕊　李菁菁
装帧设计	高高国际
责任印制	董建臣

出版发行　天地出版社
　　　　　（成都市槐树街2号　邮政编码：610014）
　　　　　（北京市方庄芳群园3区3号　邮政编码：100078）
网　　址　http://www.tiandiph.com
电子邮箱　tianditg@163.com
经　　销　新华文轩出版传媒股份有限公司

印　　刷　北京盛通印刷股份有限公司
版　　次　2019年7月第1版
印　　次　2019年7月第1次印刷
开　　本　700mm×1000mm　1/16
印　　张　15
字　　数　240千字
定　　价　49.80元
书　　号　ISBN 978-7-5455-4884-6

总 序

聂震宁

一个时期以来，推广阅读特别是推广校园阅读时，推荐种类大都以文学或文史类居多，少量会有一点与科学相关，也还大都是科幻文学和科普文学作品，科学知识类图书终归很少。这不能不说是一个很大的缺憾。

重视文史特别是文学阅读，当然无可厚非——岂止是无可厚非，应当说是天经地义！"以史为鉴，可以知兴替"，读文史书的意义古人早已经说得很深刻，而读文学的意义更是难以说尽。文学是人学，是对人的灵魂和精神的洗礼，是对人的心性、品格和气质的滋养。中国近代思想家、《少年中国说》的作者梁启超先生曾经指出："欲新一国之民，不可不先新一国之小说。故欲新道德，必新小说；欲新宗教，必新小说；欲新政治，必新小说；欲新风俗，必新小说。"中国现代文学奠基人、著名文学家鲁迅先生年轻时认识到文学可以改善人们的思想觉悟，唤醒沉睡麻木的人们，激发公民的爱国热情，因而弃医从文，写出大量唤醒民众、震撼人心的文学作品，成为五四以来新文化运动的先驱和主将。

一个人如少年儿童时期阅读到许多优秀的文学作品，必将受益终生。优秀的文学作品能帮助我们树立壮丽而远大的理想，激发我们追求真理、勇攀高峰的勇气，引导我们对人生、社会、历史以及文学艺

1

术形成深刻的理解和体悟。文学阅读不能没有，然而，科学知识的阅读同样也不能没有。科学是关于发现、发明、创造、实践的学问。科学能帮助我们了解物质世界的现象，寻求宇宙和自然的法则，研究自然世界的规律……通过科学的方法，人类逐渐掌握了物理、化学、地质学、生物学、自然以及人文学科等各个方面的知识和规律。人类的进步离不开科技的力量。科技不仅仅承载着人类未来和探索宇宙等重大使命，也与我们的日常生活息息相关。了解必备的科技知识，掌握基本的科学方法，形成科学思维，崇尚科学精神，并掌握一定的应用能力，对于少年儿童的成长具有特别重要的作用。

然而，长期以来，我国公民的科学素质都处于较低水平。相信很多朋友都还记得，2011 年日本发生 9.0 级强地震引发核泄漏事故，竟然在我国公众中引起了一场抢购食盐的风波。更早些时候，广东和海南等地"吃了得香蕉黄叶病的香蕉会得癌症"的谣传满天飞，致使香蕉价格狂跌不已，蕉农和水果商家损失惨重。虽然事情原因比较复杂，但公民科学素质不高显然是一个重要因素。社会上时不时就会出现的因为公民科学素质不高而轻信谣言传闻的事实，也一再提醒我们，必须下大力气提高公民科学素质。

关于我国公民科学素质相对处于较低水平的说法是有依据的。公民科学素质包含具备基本科学知识、具备运用科学方法的能力、具有科学思维科学思想，同时能够运用科学技术处理社会事务、参与公共事务。按照国际普遍采用的测量标准，经过科学的调查和测量，我国公民具备科学素质的比例一直比较低，在 2005 年只有 1.60%，2010 年也只有 3.27%，2015 年提高到 6.2%，但也只相当于发达国家 20 世纪 80 年代末的水平。经过近年来各级政府大力开展科学普及工作，2018 年我国公民具备科学素质的比例达到了 8.47%，与主要发达国家在这方面的差距进一步缩短。据中国科学普及研究所预测，到 2020 年我国公民具备科学素质的比例有望超过 10%。科学素质是决定人的思维方式和行为方式的重要因素，是人们过上更加美好生活的前提，更是实施创新驱动发展战略的基础。在科技日新月异、迅猛发展的今天，科技深刻地影响着经济社会人们生活的方方面面，公民科学素质已经成为国家综合实力的重要组成部分，成为先进生产力的核心要素之一，成为影响社会稳定和国计民生的直接因素。提高我国公民的科学素质，应当成为当前的一项紧迫任务。

"科学大王"系列科普图书就是为着提高我国的公民科学素质特别是少年儿童的科学素质而编著出版的。

"科学大王"系列科普图书由小书虫读经典工作室编著。整套图书共 10 本，分别为《植物大观》《动物传奇》《宇宙印象》《文明起源》《探险风云》《魅力科学》《我爱发明》《多彩生活》《生命奥妙》《神奇地球》等。

"科学大王"系列科普图书的编著者清晰认识到，这是一套面向中国少年儿童读者的科学普及读物，应当在以下几个方面明确编著的思路和精心的设计。

首先，编著者主张着眼中国、放眼世界，编著的内容既要适合中国的少年儿童阅读，又要具有世界眼光，选题严格把控，既认真参考发达国家同年龄阶段科学教育的课程内容，又从中国少年儿童的阅读认知实际出发。

其次，编著者要求主题集中，每本书系统介绍相关主题，让读者集中掌握相关知识，在一定程度上达到专业知识完备的要求。

第三，鉴于青少年学习的兴趣需要培养和引导，编著者在坚持科学知识准确的前提下，努力让素材生活化、趣味化。科学并不是摆放在神坛上供人膜拜的圣物，而是需要通过一个个生动问题的解决来体现的。编著者希望这套图书既能够丰富少年儿童的课外阅读，让他们在快乐阅读中获取知识，又能帮助老师和父母辅导他们的课堂学习，激发他们发奋学习、勇攀高峰的兴趣和勇气。

第四，编著者力争做到科学知识与人文关怀并重。无论是书中问题的设计还是语言的表达，都要注意到体现正确的价值观、健康的道德情操和良好的审美趣味，要有利于培养少年儿童的大能力、大视野、大素质。

此外，这套图书在装帧设计和印制上下了很大功夫。装帧设计努力做到科学与艺术的有机结合，插图追求精美有趣。由于采用了高品质的纸张和全彩印刷，整套图书本本高品质，令人赏心悦目，足以让少年儿童读者在学习科学知识的同时也能得到美的享受。

在我国全民阅读特别是校园阅读蓬勃开展的今天，"科学大王"系列科普图书的出版无疑是一件值得肯定的好事。在阅读活动中，推广文史类特别是文学图书的阅读，将有利于提高公民特别是少年儿童的人文素质，而推广科技知识类图书的阅读，则将有利于提高公民特别是少年儿童的科学素质。国家要富强，民族要振兴，公民这两大素质是不可缺少的。

（聂震宁，编审，博士研究生导师，第十、十一、十二届全国政协委员，中国作家协会会员，中国出版集团公司原总裁，现任韬奋基金会理事长、中国出版协会副理事长）

推荐序

何 彦

上个世纪的七八十年代，我在读小学和中学。那个时候信息与资料还比较匮乏，知识普及类图书不多，但这没有影响孩子们对自然科学和人文科学的好奇与热情。我和我的小伙伴们读着《十万个为什么》《上下五千年》、叶永烈的科幻小说、大科学家们的故事……我们景仰着牛顿、爱迪生、居里夫人、华罗庚、陈景润……憧憬着国家实现现代化的美好蓝图，我们被知识激励，被科学家、历史学家引领，在不断学习中终于成为一个博学、有底蕴、眼界宽广的人。

几十年过去，出版、互联网和人工智能的发展进步使得知识的普及与传播出现了量与质的飞跃。现在的孩子们是幸运的，他们面对着更为多元的知识和优质的学习渠道。但是，个人的时间是有限的，知识传播也呈现出碎片化的倾向，如何让这个时代的青少年全面、有效地对自然科学和人文科学有一个整体的认识，已经成了今天科普出版的重大难题。

因此，我很高兴能够看到这套《科学大王》的付梓。它选材丰富全面，但不是机械地堆砌知识，而是引导青少年读者在欣赏一个个美妙的知识细节的过程中，逐渐形成对事物整体的把握。孩子们会看到整个世界就像一个活泼的生命，它多姿多彩，千变万化，有着无尽的可能，让他们由衷地好奇、赞叹，希望亲自去探索。

人类既生活在宇宙空间里，也生活在历史中。我们来自空间和历史，也改变着空间和历史。在这套丛书里，孩子们通过对历史的了解，对科技发展的认识，不仅可以看到人类一路走来的艰辛，也可以看到人类的伟大意志和力量，并思索人类应该肩负的责任。这套丛书在传播知识的同时，也带给孩子们价值观和梦想的启迪。

　　培根说："知识就是力量。"好的书籍就像接力棒，把人类知识的力量一代一代地传递下去！

（何彦，清华大学化学系教授、博士生导师）

目录

CONTENTS

第一章

远古有没有人

第二章
大脑之谜

第三章
千奇百怪的感觉

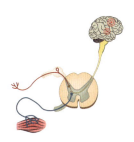

第四章

看得见的细菌，看不见的细菌威力

第五章
关于生命的前世今生

第六章
动植物生命的延续

第七章
人类生命的延续

第八章

有趣的进化

远古有没有人

地球像一位母亲。远古时候，她还没有"子孙满堂"，也没有今日的姹紫嫣红，有的只是那肆虐的狂风和暴晒的烈日，还有那满目疮痍的身躯和一颗孤独的心……她日复一日地运行在自己的轨道里，却不想让自己成为那浩瀚宇宙中一粒普通的尘埃，也不愿在孤独中诞生又在孤独中终老！她倔强地认为终有一天自己的守望会换来满满的喜悦，也终有一天她会成为宇宙中最独特的星球！终于，一粒微小的生命在她10亿年的等待后奇迹般地诞生了，而后便一发不可收拾……

如果说生命的出现是永恒宇宙中的一个惊喜的话，那人类的

崛起则是这个世界上亿万年来最大的奇迹！这一点毫无争议，但是至今关于人类的进化过程却在科学界争论不休。达尔文的《物种起源》是打开进化奥秘的一把神奇钥匙，但是就连达尔文本人也说他的巨著可以解释大自然中绝大多数生物的进化历程，而我们人类却不在这"绝大多数"之中，他无法解释甚至无法想象人类可以如此迅速地崛起和成长。那么，生命漫长的演化历程究竟是怎样的呢？

生命究竟起源于何处

生命究竟起源于何处呢？

这个问题不断地困扰着自然科学家。远古世界是如此的神秘和不可触碰，零星的化石遗留下来的信息又是那么的玄奥，令人费解，于是，不同的科学家就有了不同的解读和看法，那么，现在的科学界对于生命起源都有哪些看法呢？

首先，化学进化论算是深入人心的一种学说了，一些科学家认为在远古地球环境中，无机物可以通过复杂的化学变化而形成有机物，有机物又组成生物大分子和多分子体系，最后形成了原始生命体。美国科学家米勒模拟原始地球环境的实验有力地证明了这一学说的科学性。你可能会好奇，既然原始地球环境通过化学进化产生生命，那么其他的原始星球为何不可呢？

这就衍生出了第二种起源学说——宇宙起源说。这种学说认为原始地球上的生命可能来源于茫茫的外太空，前些年的流星雨中出现有机物也成了这一学说的有力证据，但是这种学说无法解释外太空的原始生命是如何产生的。深海烟囱起源说是近年来才被广泛关注的又一种假说。深海中有很多的"海底热液"，它们的温度动辄几百摄氏度，并且不断地从地底深处带出滚烫的硫化物，这些硫化物在遇水冷却后形成了"黑烟囱"，在这些"黑烟囱"附近有很多奇特的生物存在，它们仅靠体内的细菌来给自己提供营养，而这种生活环境和生活方式跟太古代生命起源时的地球环境惊人的相似，也就难怪有越来越多的科学家开始接受这种学说了。

　　关于生命起源的问题科学界至今还没有一个完美的解答，但不可否认的是，生命绝对是宇宙进化历程中最大的成就，没有之一！

▲ 宇宙起源说　　　　　　▼ 地球生命的摇篮——原始海洋

地球上最古老的生命出现在什么时候

　　现今的世界，各种生命形式争相绽放，让人很难想象生命起初是什么样子的。地球上最早的生命究竟出现在什么时候？最早的生命又是怎样的呢？

　　随着科学的进步和研究的深入，上述问题的答案也在不断变化。科学家在格陵兰岛上发现了一些奇特的沉积岩，其中夹杂的石墨被科学家认为是地球生命的标志，这个发现也把生命的产生整整提前了2亿年！也就是说，如果这个判断是正确的，那么早

▼ 波罗的海琥珀

在地球发育的初期，在小行星频繁撞击地球的时候，生命之光就已经出现了！那么这些顽强的生命形式是怎样的呢？首先，"最早期的生命出现在海洋中"这个假说已在科学界被广泛认同，并且越来越多的科学家开始相信最初的生命来源于深海温泉中的细菌。在当时恶劣的地球环境下，与世隔绝的深海环境或许正好成为生命孕育的温床。但是，争议同样存在，有一部分科学家认为以沉积岩中的石墨来作为生命存在的标志本身就不严谨，其中的石墨也可能是在后来的地质变化中出现的。这些质疑的声音不断地在考验科学家做出的论断，也无形中拉近了我们与真相的距离。

最早的生命到底是何时出现的？这个问题或许我们永远都不能确切解答，因为人类永远无法准确了解那些没有人的岁月里究竟发生了什么。但这些未知也正好成为我们前进的动力，激励我们不断前行！

如何划分地球上的生命进化历程

地球从形成到现在已有46亿年的历史，这等漫长是我们无法体会的。在这段时间里，无数的生命都在地球上尽到了自己在进化史上的责任，并悄然逝去。那么我们应该如何对这段悠久的进化史进行划分呢？

我们一般用地质年代来划分地球的历史，按照时间跨度大小

依次划分为宙、代、纪和世。从距今46亿年到距今20亿年前的这段时间被称为"太古宙"，这是地球发育的早期，其环境极为恶劣，但早期生命也出现在这个时期，例如到太古宙的晚期蓝藻和细菌就已经出现了。距今25亿年到6亿年前的这段时间被称为"元古宙"。这段时间藻类繁盛，但是大规模的生命进化并没有出现，地球依旧是孤寂的。元古宙之后至今是显生宙，显生宙又分为古生代、中生代和新生代。远古生物大爆发就出现在古生代，该时期的代表生物就是鼎鼎大名的三叶虫。随后，鱼类和两栖类迅猛占领地球。恐龙生活的侏罗纪，属于中生代，该时期哺乳动物、鸟类和爬行动物逐步成为地球上的主角，而恐龙则是这个时期毫无争议的代表性生物。新生代现在一般被分为三个纪：古近纪、新近纪和有争议的第四纪。在古近纪和新近纪的时候，地壳已初具轮廓，而人类则在第四纪才缓缓出场。有人经过计算后说：如果把地球的历史浓缩成24小时的话，人类在最后两分钟才出现，所以在地球的这"一天"里，迄今人类历史不超过两分钟……

小贴士

地球悠久的历史让我们每每想起都感叹人类的渺小。我们不能再随意破坏大自然了！我们要行动起来，与大自然和平共处！

▲ 与地质相关的生物进化图解

哺乳动物的繁盛时期从什么时候开始

　　从石炭纪末期开始，爬行动物崭露头角，并迅速成长为海陆空的绝对霸主。但是哺乳动物的出现改变了这一切，哺乳动物群体最终接管了曾经属于爬行动物的一切。那么，哺乳动物的繁盛期是从什么时候开始的呢？

　　和鸟类一样，哺乳动物也是从爬行动物进化而来的。哺乳动物是现今世界上躯体结构和行为功能最复杂的高级动物类群，它们突出的特征就是全身都覆盖毛发，行动迅速，恒温胎生，同时通过乳汁来哺育下一代，哺乳动物的名字也由此得来。2亿年前的中生代晚期，以恐龙为首的爬行动物难以适应环境巨变，而

▶ 海象

▲ 浣熊

头脑发达、体温恒定、善于哺育后代的哺乳动物则逐渐显露出适应环境的一面，最早的哺乳动物——吴氏巨颅兽就出现在这个时期。早期的哺乳动物和爬行动物最突出的差异就是哺乳动物的牙齿各异，而爬行动物牙齿则完全一样。6500万年前的生物大灭绝事件之后，地球进入了新生代，哺乳动物逐步壮大，完全成为陆地上占支配地位的类群了。

小贴士

哺乳动物现今已广泛统治了地上、地下、空中和海洋四大领域，是当今动物世界的王者，但是在未来的某一天会不会有新的类群取而代之呢？

人类真的是从猿猴进化而来的吗

人类是地球上有史以来最具智慧的高等动物，也是目前地球唯一的统治者。进化论认为人类是从猿猴进化而来的，那么这种学说正确吗？如果对的话，究竟如何辨别猿猴和人类的分界点呢？

人类的起源历来就是科学家们争论不休的一个问题，你或许会问，达尔文的《物种起源》不是很详细也很令人信服地揭示了物种进化和人类起源的秘密了吗？其实不然。毋庸置疑，达尔文的《物种起源》是一本伟大的著作，但是它也有自己的漏洞。达尔文曾说"如果可以证明任何复杂的器官不是经过漫长的、持续的、微小的改变形成的话，那我的理论就失败了"，而5亿多年前的寒武纪生物大爆发却完美证明了这一点。

在短短几万年的时间里，几乎现有的所有动物的门类都同时出现了，这无情地击破了《物种起源》的基本论点。达尔文自己也曾说，他的进化理论根本无法解释人类的起源，因为人类进化得实在太快了——从早期猿人开始，到晚期猿人，到智人，再到现代人类，人类的脑容量呈爆炸式增长，智力也飞速提高。但是，到现代人类之后，进化的迹象却又突然消失了……这也是达尔文曾经的苦恼之处。所以，人类是从猿类进化而来的论断也不是那么绝对了。

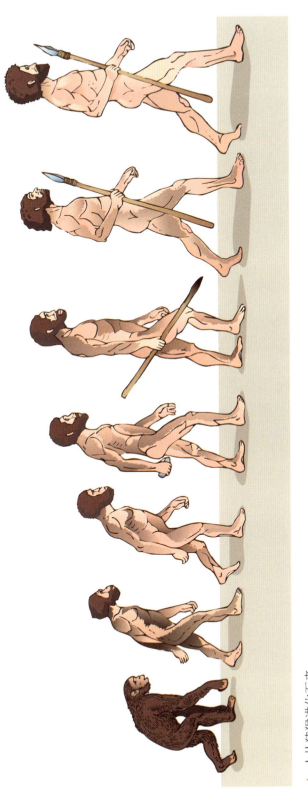

▲ 人从猿猴进化而来

无论怎样，"物种起源"论是比较让人信服的进化学说，至于那些疑点，需要新的理论数据来解释。

现代人类起源于哪里

最早的人类生活在地球的哪个角落呢？

这个问题从人类开始出现就争论不休，现在有个答案得到了广泛的认同，那就是人类起源于非洲大陆。1959 年 7 月 17 日，经过近 30 年的寻找，古人类学家在坦桑尼亚的奥杜威峡谷发现了一个近乎完整的粗壮型的类似南方古猿的人类头骨和一块小腿骨。经测定，该头骨的主人生活在距今约 175 万年前。在头骨旁边还发现有一些石器工具，但是对比了脑容量之后科学家认定，这些石器不可能是他们制造的，但是谁制造的不得而知。1960 年，就在发现那些骨头的地点附近，古人类学家发现了一个 10~11 岁小孩的部分头盖骨、下颌骨、近乎完整的足骨等。经过测定，它们属于一个更加进步的物种，专家把它们命名为"能人"，意为手巧的人或有技能的人，并且认定它们就是人属中的第一个早期成员，而之前找到的石器碎片也可能就是它们所为。

南方古猿被不少人认为是人类进化的起点，而"能人"则是南方古猿中唯一一个朝着现代人类进化的物种。1994 年，美国的古生物学家在东非的埃塞俄比亚盆地发现了距今约 440 万年前的大量人科动物化石，并命名为地猿始祖种，这是迄今为止发现的现代人类最古老的祖先。

现代类人猿和人类有血缘关系吗

那么，现代的类人猿跟人类是不是还有血缘关系呢？

首先我们要明白人类和现代类人猿的区别在哪里。最明确的区别就是人类能够直立行走，而现代类人猿由于前肢长于后肢，所以重心偏高，导致脊椎稍弯呈弓形，行走时大都呈半直立状态。另一个明显的区别就是人类的双手已经不再是行走的器官，而是一种可以灵活支配和制造工具的新型器官。与类人猿相比，原始人类的食物种类更加广泛，而火的使用更是间接导致了人类面部的巨大变化，因为人类不再需要强健的咀嚼肌和牙齿，所以面部也就没有类人猿那么凸出了。人类的智力也是现代类人猿永远都无法企及的，这不仅仅体现在脑容量的大小上，大脑皮层和额叶、顶叶等区域的差距也是导致类人猿的感觉、语言和记忆力无法与人类相提并论的重要原因。

相比较而言，类人猿的血缘关系和人类最为贴近，也是和人类最为相似的物种。类人猿中的猩猩和人类的基因差距只有2%！也正是这微小的2%才使得猩猩的智力、行为、心理和生理与人类永远都不在一个等级上。

小贴士

　　在远古的某个时刻，类人猿和人类曾站在同一个起跑线上，但是经过上百万年在不同道路上的进化，现在的类人猿已经永远都不可能进化成人类了。

▲ 猩猩

森林古猿是如何一步一步向人类发展的

在距今 2300 万~1000 万年前，森林古猿广泛分布在世界各地，而东非的原康修尔猿更是一枝独秀，成为日后人类和非洲猿的共同祖先。那么，人类是如何从森林古猿进化成功的？同一起跑线上的非洲猿又为何进化如此缓慢呢？

1500 万年前的整个非洲大陆都覆盖着茂密的丛林，灵长类动物随处可见，但之后几百年的环境巨变改变了这一切。埃塞俄比亚和肯尼亚地区不断隆起，进而出现了一条弯曲的峡谷，也正是这峡谷的形成才开启了人类的进化之路。峡谷形成后，东部的地区已经不再适合树木的生长，取而代之的是灌木丛和矮丛林，而西部地区则依旧丛林密布，不受影响。恶劣环境的逼迫使得东部地区的森林古猿不得不一步步改变本来的生活习性，慢慢尝试直立行走和解放上肢，并开始制作和使用工具，以此来对抗恶劣的生活环境。而西部地区依然雨水充足、食物充裕，森林古猿照旧生活着，并逐渐形成了非洲猿。东部的森林古猿经过不断的进化，在距今约 300 万年前，其中的一支成为了更高水平的"能人"，它们开始在非洲东岸出现，是最早的人属动物。又过了漫长的岁月，在距今 200 万~20 万年前，"能人"进一步进化成为了"直立人"，这时候的人类已经学会使用火，能使用简单的符号和简单的语言，并且能够制作更加精致的工具。再往后演化，

▲ 智人生活场景复原图

"直立人"进一步蜕变,"智人"横空出世,我国的山顶洞人和河套人就属于晚期"智人"的一种。

人类的进化史脉络虽然已清晰,但是至今还没有找齐各个进化阶段的骨骼化石来作为证据,而不断出现的关于远古文明的猜测也使得人类的进化史更加扑朔迷离……

智人为什么被称为"侵略者"

智人是继"能人"之后迅速崛起的现代人类。科学家把智人称之为"侵略者",这是为什么呢?

西班牙的科学家经过论证之后发现,已经灭绝的欧洲穴居人(尼安德特人)或许正是受到了智人的影响才逐渐消失。穴居人早在20万年前就已经定居于欧洲大陆,历经几次冰河时期而愈加繁盛,但是当现代智人到达这片大陆之后,穴居人便逐渐消失了,随着他们一起消失的还有178种大型哺乳动物。先进的智人已经具有了很强的制造武器的能力,他们打磨的尖锐石斧和石刀是该时代的绝对利器,所以他们在斗争的道路上所向披靡。相比而言,较为落后的穴居人则几乎毫无优势。西班牙的一个研究小组证实,智人可能曾经以穴居人为食,并把杀死的穴居人的牙齿制作成项链来做装饰品。当时的智人已经可以熟练地生火,先进的石制武器加上对他们具有威胁的大型肉食动物日渐稀少,使得他们成为当时的陆地霸主。智人儿童头盖骨上明显发亮的光泽像

是经常被抚摸的样子，似乎当时的智人已经对死亡有了基本的认识，并且用某种带有宗教色彩的方式把小孩的头盖骨保存下来留作纪念，这或许也是早期高级感情的一大例证。

小贴士

　　关于智人的起源科学界有两种声音，一种认为他们和现代人类一样起源于非洲大陆，另一种则认为智人的产生是呈多点开花的状态同时出现在世界各地的。目前考古界还没有足够的证据来辨别这二者的是非。

为什么人类要褪掉大面积的毛发

　　人类是从森林古猿进化而来的，森林古猿浑身上下都布满毛发，现代的类人猿也是浑身毛发，为什么单单人类在进化的过程中褪掉了大面积的毛发呢？

　　很多人会有这样的困惑——为什么人类来到这个世界的时候是赤身裸体的？我们知道除了人类，其他的哺乳动物都是长有大面积毛发的，这些毛发可以帮它们白天防晒，晚上御寒。但是，我们的祖先在漫长的进化过程中丢掉了这一哺乳动物的"共性"，这是为什么呢？《物种起源》的作者达尔文认为这同样是自

▲　光滑的皮肤让人类区别于其他哺乳动物

然选择的结果，他的支持者甚至认为这是性别选择的结果，人类偏爱用裸露皮肤的方式来吸引异性。但是，为什么上千种哺乳动物中只有人类有这种偏爱呢？他们无法解释。还有一些科学家认为，人类在丛林中捕猎的时候毛发会起到阻碍的作用，并且不利于散热，于是人类逐步把毛发丢弃了，但这还是无法解释为何只有人类有这特殊的问题。还有一种说法认为这是人类食物选择的结果，在火种被广泛使用后，人类开始食用熟食并搭配蔬菜和野果，这种食物结构改变了人类的这一特性。同时，由于人类学会了用兽皮来御寒，毛发的生长受到了抑制，所以经过漫长的进化

后人类便成了现在的样子，这种说法是现在众多说法中最可信的一种。

其实人类在胚胎生长到 6~8 个月的时候是长有一层绒毛的，我们称之为"胎毛"，这也是很多的早产儿出生的时候长有体毛的原因，但长大之后就神奇地消失了。关于人类为何以及何时褪掉毛发的问题至今依旧是未解之谜。

人类进化过程中体型是如何变化的

从体格健壮、四肢发达的爬树能手到双手解放、相对瘦弱的直立动物，从浑身毛发、面目狰狞的林中野兽到衣服蔽体、五官端正的万物灵长，人类在进化的过程中身体发生了巨大的变化。那么，这一切是如何发生的呢？

森林古猿生活在距今 2300 万 ~1000 万年前。其外观和现代的猿类极其相似，身体短壮，前肢和后腿一样长，这对前肢既能帮它们行走也能助它们在茂密的森林中捕食。不过在进化的后期，由于气候巨变与森林退化导致食物锐减，为了生存，它们的前肢变得更加灵活，内脏也进化得越加适合之后的直立行走。能人是继森林古猿之后的进化体，他们已经学会了直立行走，是第一种被认为是人类的生物。能人身材十分矮小，平均身高只有 120~130 厘米，最高也不过 140 厘米，而脑容量也只有 680 毫升左右，但他们已经展露出万物灵长的特征。人类在

▲　人类进化的历程

不断进化，直立人在能人之后出场了。他们的平均身高可以达到160厘米，身体四肢已和现代人类无异，面部与现代人类相比要更加凸出。直立人的脑容量达到800~1200毫升，他们是最早使用火种的人类。智人是直立人之后的进化体，智人阶段是人类进化的快速期，1400毫升左右的脑容量使得他们要比自己的祖先聪慧得多，他们已经拥有初期的情感，并且文化也从那时开始萌芽并蓬勃发展。

　　现代人类在智人之后的变化并不是很大，只是延续了智人时期的高速脑部进化。

▲ 语言交流

▼ 肢体交流

远古的人类怎样进行交流

在人类出现后的很长一段时间里都没有语言和文字，那么，我们的祖先是怎样进行交流的呢？

当人类刚刚出现时，肢体语言是人类之间进行简单交流的主要方式。经过长时间有意识的努力，人类已经能从肢体语言中"看出"对方的喜怒哀乐，但也仅此而已。语言出现的时间要远远早于文字的出现，当人类的思维能力和生理结构发展到一定水平，当人类"彼此之间到了非说不可的地步"时，语言出现了！关于语言出现的时间我们还无从得知，因为没有任何一种载体可以向我们举证没有文字和符号时期的语言是怎样的，但语言的出现无疑解决了人类最迫切的交流问题。文字是文明社会产生的标志，出现于6000~5000年前的楔形文字是最早的文字之一，继它之后，文字开始在全世界范围内遍地开花，人类文明开启了新纪元。

语言和文字对人类具有深远意义，它们架构了人类整个文明，而人类历史上那繁如星海的史前文明也正是因为缺失语言和文字，而被无情地淹没在历史中，了无痕迹。

第二章

大脑之谜

　　我们通常说的大脑，通俗意义上是指脑，包括了脑干、间脑、小脑和端脑等部分。很多时候端脑也被称为大脑。

　　科学家们认为，脑是人类全身直觉、运动和思维等活动的基础。如今人类灿烂的科技文明都是建立在思维基础之上的。那么外观看起来如同核桃仁一般的脑，它的结构是怎样的？各部分都有哪些功能？我们在这一章就来了解这些知识。

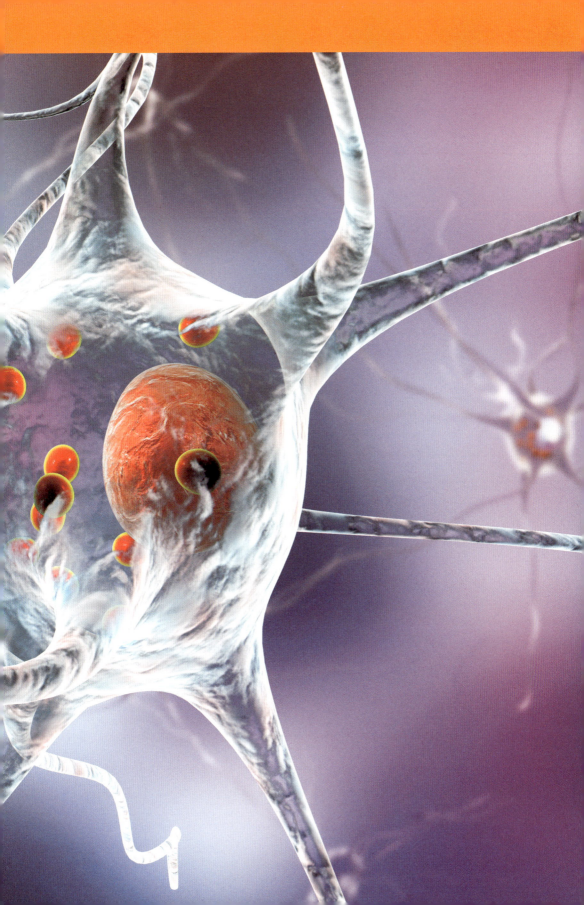

脑有多"大"

脑的组成包括端脑（大脑）、小脑、间脑和脑干，它是我们中枢神经系统的主要部分。

人在青春期时脑重为1250~1400克，而成年男性脑重为1375~1450克，成年女性脑重为1300~1420克，大约占体重的2.1%。这2.1%的脑却消耗着20%的人体能量，是人体中耗能最大的器官！对于儿童，这个数字甚至会上升至50%。

▲ 大脑剖面图

除了重量与能量消耗以外，人脑所含的细胞数量也十分惊人。脑的基本构成单位是神经细胞和胶质细胞。神经细胞就是我们常说的神经元。人脑中神经元的数量在百亿数量级，而胶质细胞的数量是神经元的10~50倍！这无疑是个惊人的数字。我们的学习、记忆以及喜怒哀乐都是靠这些细胞间的相互配合来完成的。

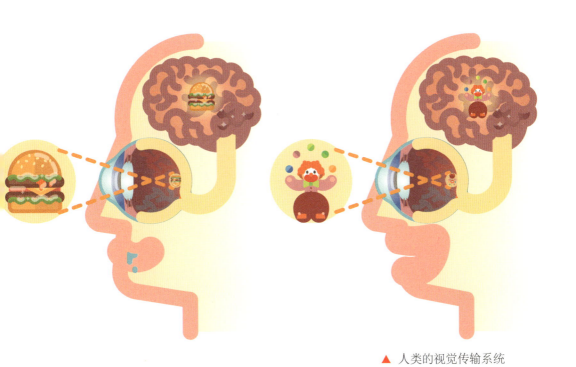

▲ 人类的视觉传输系统

小贴士

　　当你看到这行文字，你认为是眼睛看到的吗？其实是眼睛接收眼前的光信号，并通过神经细胞传送给视觉中枢，完成对信息的加工，脑才会根据这些信息来理解我们眼前所看到的文字，这是一个无比复杂的过程。目前有无数科学家正在对脑的工作进行深入探索。

脑的表面为什么凹凸不平

脑的表面如核桃仁一样，凸起的地方叫作"回"，凹陷的地方叫作"沟"，统称为沟回。脑表面称为大脑皮层，看起来是灰暗色的，所以叫作灰质，是神经元胞体和树突聚集的地方。大脑皮层的功能十分强大，人体的活动，无论是运动、感觉，还是抽象的思维，也就是我们所说的意识，都与大脑皮层的关系密不可分。

大脑皮层分为6层，分别是分子层、外颗粒层、外锥体细胞层、内颗粒层、内锥体细胞层和多形细胞层，分布着数以百亿计的神经元和胶质细胞。如此复杂的功能和这样多的细胞怎么分布在有限的空间中呢？我们聪明的大脑想出了一个绝佳的办法——产生沟回。沟回的结构让有限的颅腔内脑的表面积尽可能增大，也就是增加大脑皮层的面积，来完成神经系统复杂的功能。

有科学家测量过，由于沟回的产生，人类大脑皮层面积可以达到2200平方厘米，这个数据要比我们人类的近亲——黑猩猩大得多。大脑皮层的2/3位于脑沟中。根据计算大脑皮层的面积与动物自身体重的比例，科学家发现除了人类，还有很多动物也很聪明，比如宽吻海豚，据说一只野生宽吻海豚仅用3周的时间就能学会一项简单技能，甚至还会将这项技能教给同伴。这都得益于发达的大脑皮层，现在你知道为什么大脑看起来是皱巴巴的样子了吗？

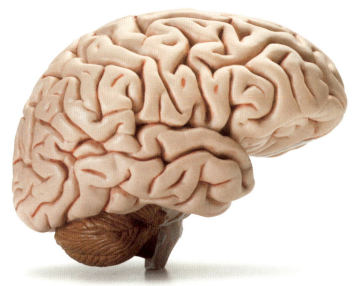

▲ 大脑表面凹凸不平

切掉一半大脑会怎样

你是否想过，如果人只剩一半的大脑会怎样？当然，我们的前提是他还活着。

在世界上，存在着为数不多的"半脑人"，他们只有或左或右的半脑。他们并不是生来就是这样的，而是因为严重癫痫或其他脑部疾病、创伤等因素不得不切去一半的大脑，只能让剩下的半脑来"主持全局"。你也许会问，只剩一半大脑的人也能活吗？这些人会不会变傻呢？事实上，切除半脑的手术成功率并不高，大概只有一半，然而存活下来的人，他们的生活并没有因为

29

只有一半大脑而受什么影响。英国女孩科迪莉亚在 17 个月大的时候由于严重的结节性脑硬化和癫痫接受了这个手术。术后小女孩恢复得很好，没有了癫痫的困扰她终于能独自走路了。在智力上，"半脑人"与常人也没有显著的差异，甚至一名"半脑人"已经大学毕业并正常地生活工作了。有研究证明，切除左脑或右脑两组间对比相差不大，与常人相比，他们都失去了一部分数学能力与语言能力。

这提示我们，人的大脑有着很强的可塑性。在缺乏一半大脑的情况下，尽管需要长时间的练习，另一半大脑还是能够接管缺失部分的功能的。所以，至少我们可以说，有一半的大脑功能还没有被完全开发！

◀ 左脑右脑和脑桥

小贴士

大脑的这种可塑性并不是没有限制的。切除半脑的手术在 10 岁以上的儿童或成人身上实施就会出现很严重的问题，年龄越小的患者实施手术的效果越好。

脑子真的会进水吗

脑中的成分有 80% 是水，并由大量脑脊液包裹着。

正常的情况下，脑中水的比例是一定的，此时脑脊液运输营养，排出代谢废物，并为脑组织提供润滑的功能。但是当某些疾病状态下，人会出现脑中水分增多，临床上称为脑水肿。

脑水肿的定义是脑内水分增加导致脑容积增大的病理现象。脑水肿的病因是多种多样的，包括创伤、感染、脑血管病变和肿瘤等。脑脊液循环为侧脑室的脉络丛—第三脑室—中脑水管—第四脑室—蛛网膜下隙—蛛网膜粒—上矢状窦—窦汇—左右横窦—左右乙状窦—颈内静脉。这个循环中任何一个部位出现堵塞，都可以引起脑脊液的循环不畅，进而发生脑水肿。另外，颅内静脉压升高导致脑脊液产生过多也是脑水肿的发病原因之一。

脑水肿最直接的危害是其对脑组织的压迫，产生癫痫等症状，更严重的会压迫语言运动中枢而造成失语。另外，脑水肿常

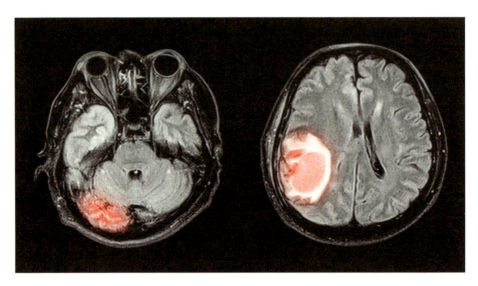

▲ 脑水肿扫描图

常伴有颅内压升高，并引起头痛、呕吐、嗜睡等症状，进而可能引起脑疝，如果不及时处理，很有可能压迫到脑干的生命中枢，导致死亡！

没错，脑水肿的起因就是水，看似简单的脑水肿却会产生如此严重的后果。

大脑有什么潜能

大脑有什么样的潜能？这是一个全世界科学家都在立志解决的问题。目前常人的脑细胞有140亿～150亿个，但是有人认为获得开发的不到10%，甚至有人认为只有1%参加大脑的功能活

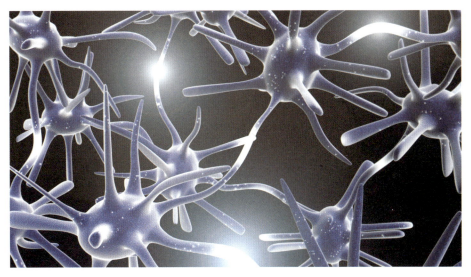

▲ 脑细胞

动。试想一下，如果这些细胞全都开发出来会怎么样？

　　且不论电影大片中那些天马行空的想象，就是生活中不同个体之间的差距也是显而易见的。你是否也曾对班级常常考第一名的人感到不服气？是否想过通过大脑的潜能开发，让你超过那个之前怎么也超不过的人呢？"用进废退"是科学家们关于物种进化的一种理论，大脑的潜能开发也是如此。喜欢动脑思考的人，在面对新的问题时，常常能够更快更好地找到解决方案，而其他人可能绞尽脑汁也没有结论。因此，平时多动脑筋思考，可以让你的大脑更加灵活！

　　在胚胎发育过程中，2 个月时会形成明显的脑沟回轮廓，5个月时会形成真正的沟回和皮层，短短的几个月时间，大脑的发育是十分快的。这种发育在出生后还在进行，不过速度明显减慢，直到 10 岁左右完全发育完成。有的人能够背下来 π 的小数

点后的几千位数，也有的人能够熟背唐诗三百首，不知道你有没有注意到，这些能力往往都是在儿童时期锻炼出来的。

儿童大脑发育的 10 年是智力发育最重要的 10 年。有人认为，这 10 年重复了人类上百万年来大脑进化所走的道路。因此，在这 10 年中，你能"进化"多远，大脑就有多少的潜能！

爱因斯坦的大脑有多与众不同

2011 年，美国费城展出了 46 片爱因斯坦的大脑切片。长久以来，人们一直好奇爱因斯坦为何如此聪明，他的大脑究竟和常人有何不同？

1955 年，爱因斯坦以 76 岁高龄去世。验尸官在未经允许的情况下私自留下了爱因斯坦的大脑，并拍摄了大量幻灯片。对于这件事是否符合道德一直存有争议，但直到今天仍有许多科学家对爱因斯坦的大脑进行研究，企图发现爱因斯坦如此聪明背后的原因。

出乎人们意料的是，爱因斯坦的大脑并不比常人大，反而 1230 克的重量低于现代人平均的重量。看来，聪明与否除了大

脑重量外，还受其他的因素影响。事实也是如此，人类学家迪恩·福尔克的研究发现，爱因斯坦的大脑的褶皱（沟回）明显多于常人，这显然增加了他的大脑皮层的面积。爱因斯坦的前额皮层褶皱明显增多，并比常人宽 15% 左右，可能为其视觉空间和计算能力提供了组织学上的支持。此外，还在他的大脑运动皮层中发现了一个球形的凸起，被认为与音乐天赋有关。而众所周知，爱因斯坦十分喜欢拉小提琴。

除了以上几点外，爱因斯坦的大脑与常人并无差异。究竟是什么原因造就了聪明且伟大的物理学家，依然不得而知。这里又引申出另一个话题，是更发达的大脑造就了爱因斯坦呢，还是爱因斯坦卓越的物理学研究造就了非凡的大脑？

意识来自大脑吗

在现代科学还没有发展起来的时候，对于意识来自哪里这个问题相当有争议。

如果意识是客观存在的，那么它存在于哪里呢？比如说，有人在背后向你挥拳，如果你没有发现，则会被这一拳击中。这个时候，你常常会说"我没有意识到"。如果你意识到了背后的人，不管最后有没有被打到，你一定会做出躲避或者阻挡的动作。那么，意识就存在于发现背后的人到做出动作之间。眼睛看到或者耳朵听到身后有人，将信息传递给大脑相应的中枢，再由大脑做出反应，通过运动中枢发出指令，抬起手臂将攻击挡开。意识在一瞬间完成这过程。换作是婴儿或者其他有智力障碍的人，他们并不能对相应的状况做出反应，甚至不能察觉，因此可以说他们在这时是没有意识的。我们可以说意识是来源于大脑对相应的人或事物做出的反应。

在人脑进行思考的过程中，信息的传递伴随着脑电波的发生，包括 α 波、β 波、θ 波和 δ 波。科学家们正在试图研究这些脑电波与意识如愉悦、紧张或睡眠等的关系。比如，人从睡梦中惊醒时，脑电波的频率加快，立即产生 β 波。或许不远的将来，会有人将意识解读为不同脑电波的组合呢！

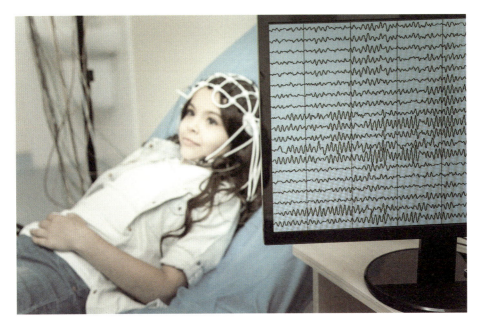

▲ 脑电波测试仪及脑电图

思想是如何产生的

　　目前人们对于思想如何产生的认知也没有达成一致的意见，并且随着科学分类的细化和思想的解放，对于"思想产生"这一问题的答案更加多元化。

　　从生物学的角度，思想的产生离不开我们的"大脑"。大脑中存在着控制视觉、行为、语言的一些中枢，大脑皮层通过感受器接收到外界传来的讯息，释放入特定的中枢区域，通过神经元的连接、信息的传递将碎片式的信息和以往的记忆、经验桥接成一个所谓的"思想"，使得我们对外界的人物、事物有自己独特

37

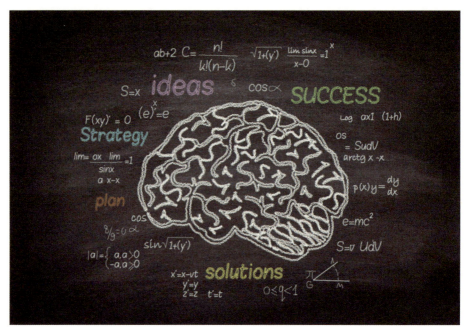

▲ 思想就是"输入到输出再到输入"循环延续的过程

的看法。可以说思想就是一个"输入到输出再到输入"循环延续的过程。

从社会发展的角度，思想的形成与人类的进化、社会的文明化息息相关。马克思认为忧心忡忡的穷人可以无视优美的风景，所以经济基础决定上层建筑，早期的远古人面对终日难以果腹的恶劣生存环境，完全无心于生存价值和文学的思考；而当人类的资本有了一定的累积，人们有了空余的时间去欣赏地球的美、去探索宇宙的奥秘的时候，思想的花骨朵儿也就不自觉地绽放了。同时，生活的变迁也促使人们去反思自己的行为，如影片《疯狂原始人》中，咕噜一家人在老爸瓜哥的保护和严格的家教下，终日生活在小小的山洞里，他们日出捕猎、日落而息，然而正当他们满足于这种一成不变的生活时，地球开始经历一场巨大的浩劫，他们必须打破自己的思维僵局，经历风险去探寻新的栖息地。在旅途中，他们不仅欣赏到了奇异的景色，更开阔了自己的眼界，发现了或许一辈子都不能发现的人生哲理，这就是摒弃旧思想，形成新思想。

睡觉和思考有什么关系

　　人的生命是短暂而宝贵的，而无论生命如何宝贵，人们都要花平均 1/3 的时间去睡觉。如果睡觉是无关紧要的，那可真是一件浪费生命的事情。事实果真如此吗？现在让我们来研究一下睡觉究竟有什么作用，它又与思考有什么关系。

　　事实上，至今也没人能完全解释通为什么要睡觉。经历了一天的学习和工作，身体感到十分疲劳，这时睡觉是最好的缓解方式。除了身体，我们的神经系统——大脑也是如此。脑细胞工作了一整天，消耗了大量能量，并不能及时地恢复到最佳状态，因而由兴奋转入抑制状态并产生困意。大家都有过这种时候，当连续学习了较长时间，大脑的思路便变得不那么清晰，学习效率也大大降低。这就提示我们需要好好地休息了。有人说，睡眠是一个神经系统和全身的肌肉得到放松、能量重新积累的过程。还有观点认为，睡觉有助于学习和记忆，因此有的老师建议学生睡觉之前背东西，因为更容易让人记住。另外，睡觉也并不全是抑制

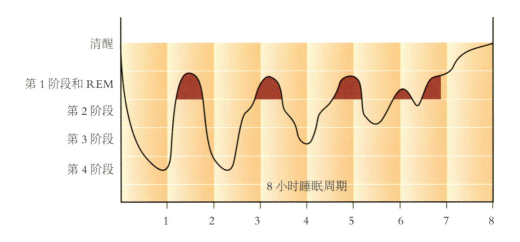

▲ 睡眠曲线图

或者说休息的过程。人体中很多激素如生长激素都是在睡觉的状态下分泌的，肝脏的解毒功能也是在睡觉时更加活跃。

无论哪种观点正确，或者说都有道理，睡觉一定是一个大脑保持旺盛精力必不可缺的要素。当然，过多的睡眠对人没有好处。

为什么有的东西可以记很久，有的却看过即忘

记忆包括短期记忆和长期记忆，这也就是有的东西可以保持数天乃至数年都不会忘记，有的却很快就不记得的原因。这里我们详细介绍一下这两种记忆。

短期记忆最主要的特征就是"短"，无论是记忆的内容还是

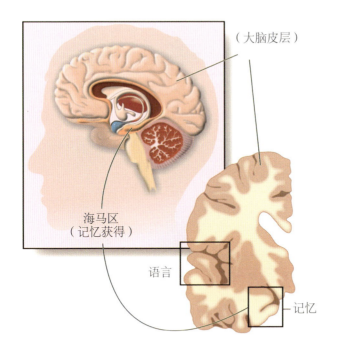

（大脑皮层）

海马区
（记忆获得）

语言

记忆

▲　海马区

保持的时间都很短，通常在数分钟内就会遗忘。关于短期记忆的容量，这里称之为记忆广度。有心理学家专门做过相关研究——短期记忆的容量通常在（7±2）个单元，如数字、字母或者汉字。对于更多的信息，即使刚刚接触过，一般人也不能复述下来。短期记忆是神经连接的暂时性强化，当这些信息经过重复和强化，则能转化为长期记忆。首先，长期记忆通常能够持续数年而不会忘记，如果我们能够善用这种记忆，那么能对学习起到极大的帮助。其次，长期记忆使用的是"意码"，即编码有意义的人、事等，使新的知识与旧有的知识相结合。最后，长期记忆的巩固需要复习。著名的艾宾浩斯记忆曲线就形象地描述了记忆内容的遗忘与时间的关系。人类的记忆力其实并不好，想要将短期

41

记忆转化为长期记忆，必须通过定期的复习和巩固才能完成。

海马区对于记忆的形成至关重要，然而长期记忆的储存是在大脑颞叶。外来的信息首先通过颞叶传递给海马区，当海马区确认信息需要长期记忆的时候，会将信息重新传递并储存在颞叶。所以，人的海马区受到损伤时，记忆无法形成，但是受伤前的长期记忆仍然可以保持。

真的有神童吗

牛顿不仅看见了苹果更看见了地球引力，亚里士多德不仅看见了美丽的月亮还预见了地球的形状，被誉为"台球天才"的威利·马斯康尼在 6 岁时已经开始参加台球赛了。而同为艺术家的毕加索的父亲承认在他儿子 13 岁时，作品已经超越了自己。他们真的是神童吗？

科学家对于如何高效地最大化地开发大脑已经研究了近一个世纪，而在科技如此高速发展的今天，大多数人的大脑只开发了2%~8%，90% 的大脑特别是右脑还在沉睡中。而相对于普通人，爱因斯坦的大脑开发了约 12%，就是这细微的差别，使得全人类对宇宙的认知有了历史性的突破。

研究者们发现神童们擅长的领域多为数学、音乐、运动等。他们认为，这些领域的规则十分明确，更容易让儿童快速学习。但大部分的"神童"在长大后并不能保持这个优势，而对他们来

▲ 神童

讲这或许是件好事。

除了大脑天生聪明外，后天的培养尤为重要。比如说，出生在音乐世家的孩子，从小就会接触音乐，并成为他生活的一部分，这样的孩子多半比画家的儿子对音乐更加敏感。

聪明是不是天生的

聪明离不开遗传因素，统计表明，父母每一方的智商和孩子的智商都有相关性。

每个人的智商都不是随机的。通过某种统计可知，孩子的智商和父母任意一方的相关性用数字表示大约为0.4。但是如果计算出父母双方的智商平均数并与孩子对比，所获得的相关性更高，约为0.7。我们知道，同卵双胞胎的基因是完全一样的。研究这类人的智商相关性，我们发现数值可高达0.86！显然，父母对一个人智商的影响是肯定的。聪明的父母更容易生出聪明的宝宝，"龙生龙、凤生凤"的古语是有一定道理的。

那么，天资欠缺的孩子就没有翻身的机会了吗？

有这样一个实验，两只兔子，一只幼年小黑兔和一只幼年小白兔，实验人员给小白兔一间单独的笼子，让它吃可口的食物，

▼ 负责记忆的大脑海马区的神经元

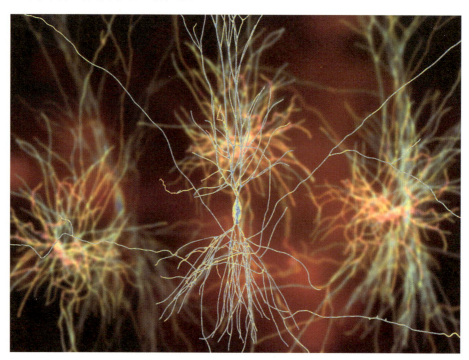

玩有趣的玩具，没事儿还把小白兔带出去溜一圈。而小黑兔只是每天被关在笼子里。在后期的实验里，白兔在各项测试中都较黑兔更胜一筹。实验人员研究了这两只兔子的大脑。他们发现：白兔的视觉皮层等脑区发展出复杂的神经网路，比较之下黑兔神经路径显得稀疏多了；同时在负责学习记忆的海马区，白兔产生新神经元的速率更快。由此可见，后天的环境对大脑的发育仍相当重要。对人类来说也是如此，早期的生活环境对一个人的神经发育有着至关重要的影响。

什么导致性格不同

一位名为凯莉的杂志封面女郎，曾拍摄了多部电影，爱出风头。后来，凯莉被诊断患上脑部肿瘤，并接受脑部肿瘤摘除手术，医生摘除了她的大脑额叶。术后的她性格大变，不再爱出风头，变成了一个文静害羞的女孩。另外，一个名为盖奇的工人因脑部受伤，伤及额叶，本来彬彬有礼的他变得粗鲁、易怒并以自我为中心。

每个人的性格看似独特，难以捉摸，其实早就从大脑构造中有所体现。英国与美国的科学家对大量人群的大脑进行扫描，并且对比各个脑区的形状、大小等，大体上把人归为四类：冲动、任性的"猎奇型"性格，悲观、羞涩的"伤害回避型"性格，容易成瘾、沉溺的"奖励依赖型"性格，勤奋、刻苦的完美

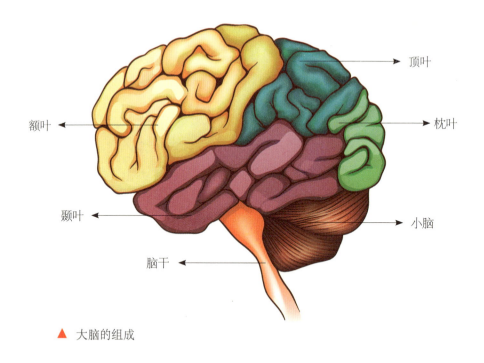

顶叶

枕叶

额叶

小脑

颞叶

脑干

▲ 大脑的组成

主义者——"持久型"性格。原来,大脑的某些特征可以直接反映性格,研究人员甚至能通过扫描婴儿的大脑,进而预测其未来的性格!

男生和女生谁聪明

科学证明,男女是有差别的,但这并不是说谁更聪明一点,而是说大脑左右两半球的功能,男女各有各的优势。

美国心理学家罗杰·斯佩里教授通过一系列的实验,就男女大脑功能差异问题进行了研究。男性明显比女性在辨别方向和位置、图形组合等方面具有优势；在语言表达才能、记忆力和处理人际关系上，女性要比男性强。女性建立执行语言能力的左脑优势比男性早，而男性却会较早地建立右脑优势，善于解决空间识别能力。

在知性感觉上，男性视觉能力较强，尤其在空间知觉上，因此男性更善于辨别方向、寻找道路等。女性的特长在于听觉更灵敏，而且明显更善于语言和读写。男性喜欢抽象的逻辑思维，相反女性则偏向于具体的形象思维。

▼ 左脑与右脑有着截然不同的功能

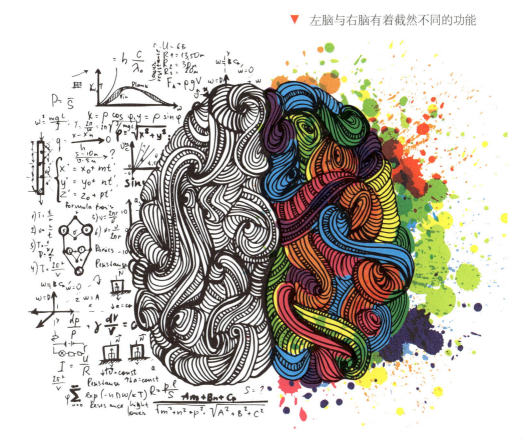

第三章

千奇百怪的感觉

什么是感觉？人的眼睛看到事物，鼻子闻到气味，舌头尝到味道，耳朵听到声音，皮肤和黏膜感觉到冷热等，这些都是感觉。感觉是我们的身体接受内外环境信息的机制。感觉是怎么产生的呢？原来，我们身体中的感觉器官接收到刺激，转化成神经冲动之后，被传送到大脑的特定区域就会产生不同的反应，感觉就产生了。

感觉不仅是客观刺激作用于感觉器官所产生的特定反应，它也能反映我们身体各部分的运动和状态。例如，我们可以感觉到双手在举起，感觉到身体的倾斜，以及感觉到肠胃的剧烈收缩等。

在这一章我们了解一下感觉的相关知识吧！

为什么关灯后还能感觉眼前是亮的呢

如果你盯着桌面上的台灯发呆一段时间之后，突然把台灯关掉或者闭上眼睛，在很短的时间内，你会觉得眼前还是亮着的。这就是感觉的特征之一，叫作感觉后像。

台灯的光刺激停止之后，灯光给人带来的感觉印象仍然会持续一段时间。这段时间的长短与刺激停止前作用的时间长短有关：刺激作用的时间越长，后像存在的时间越长；反之，刺激作用的时间越短，后像存在的时间也越短。

感觉后像也分为两类，分别是感觉正后像和感觉负后像：感

▼ 用台灯进行感觉后像实验

觉正后像是指产生的后像与刺激带来的感觉相同；感觉负后像是指产生的后像与刺激带来的感觉相反。上面提到的这个例子就是感觉正后像。

如果盯着一盏白色的灯发呆一段时间，突然将视线转移到附近的白墙上，就会发现在白墙上能看到一盏黑色的"灯"，这就是感觉负后像。开动脑筋想想，我们的身边有没有其他感觉后像存在呢？

为什么花闻久了就觉得不香了

当我们拿起一束丁香花放在鼻子前面轻轻一嗅，就能闻到一阵沁人心脾的浓郁花香。但是，如果一直拿着丁香花不停地闻，就会觉得好像这花又没有那么香了。那么这到底是因为花变得不香了，还是因为我们的鼻子出问题了呢？

这时候，如果休息一会儿再去闻，你会发现花香依旧芬芳；或者让别人也闻闻，他一定会告诉你，这花很香。这说明，花还是香的，只是你的感觉发生了改变。这就是感觉的另一个特征"感觉适应"。我们的感觉会随着周围环境的变化而发生改变，当同一种环境刺激持续发生作用时，人体对这一刺激的感觉就会渐渐减弱或消失。

人体很多种感觉都拥有这一特征，比如，当你刚刚进入泳池里时，会觉得水特别凉，在泳池里泡上几分钟后，就会觉得水没

▲ 花香

那么凉了，这是皮肤感觉的适应；当你从一个比较暗的地方，突然进入一个光线明亮的地方，会觉得刺眼，休息几秒钟之后，就会渐渐适应了眼前的明亮，这是视觉的适应；当你初尝美食时，会觉得味道鲜美，但是如果一直不停地吃就会觉得食之无味，这是味觉的适应。

对于这么多不同的感觉来说，适应的能力是不同的，其中嗅觉最容易适应。但是，人体有一种感觉是没有感觉适应的，那就是痛觉，一旦受到能够引起痛觉的刺激，你感受到的疼痛不会减弱或消失。

为什么吃完西瓜再吃桃子就觉得不甜了

生活中，你可能总是会遇到这样的困扰，吃完一块甜甜的西瓜再吃一个本应该很甜的桃子，却觉得桃子没那么甜了；吃完一只鲜香可口的螃蟹再吃一只鲜美的大虾，却尝不出虾的鲜味了。这是为什么呢？

来自外界不同的刺激，即使作用于同一个感觉器官上，也会使得感觉发生变化，这种现象被称为"感觉对比"。其实，我们

▼ 感觉对比

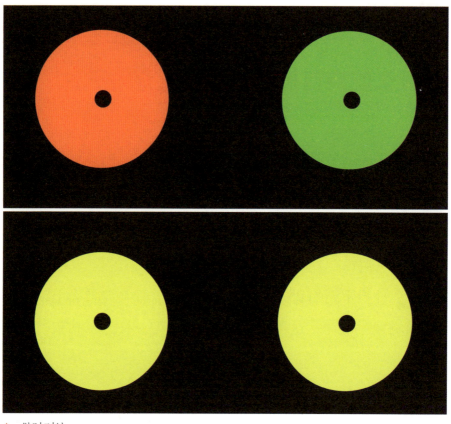

▲ 继时对比

　　的生活中存在很多感觉对比的例子。首先你看看下方这幅图，你觉得中间的两个小方块颜色一样吗？相信你一定会说不一样，这就是视觉的对比，虽然是颜色相同的两个小方块，但是一个在灰色背景下，一个在黑色背景下，就让我们感觉到在深色背景下小方块的颜色更浅，在浅色背景下小方块的颜色更深。

　　感觉对比还分为同时对比和继时对比。当你把两只手同时放在两个不同的盆里，左手边的盆里盛着热水，右手边的盆里盛着冰水，再同时把手拿出来，放在温水里，你的左手会感觉到更凉，右手会感觉到更热，这就是同时对比。再请观察上图，先注视上一排的两个圆圈 30 秒，再看向下一排的两个圆圈，你会发现下一排两个相同颜色的圆圈似乎变成了两种颜色，这就是继时对比。

感觉对比也是感觉的特征之一。现在你应该知道感觉的三大特征是什么了吧？它们分别是感觉后像、感觉适应和感觉对比。

害怕、开心也是感觉吗

你可能在平时经常会说，我感觉很害怕，我感觉很孤独，我感觉很开心，我感觉很激动。根据前文了解到的感觉知识，好像这些和感觉是不太一样的，那么，害怕、孤独、开心、激动也都是感觉吗？

准确地说，这些都属于知觉。感觉是通过感觉器官来感受外界某种事物的单一属性。与感觉不同，知觉是通过感觉器官来感受某种事物的整体属性。比如，当你眼前有一个物体，通过视觉，你会知道这是个红色的球状物；通过嗅觉，你会闻到它有一股清香；通过味觉，你会尝到甜甜的味道；通过触觉，你会摸到光滑的表面。然而，通过知觉，你会综合上述所有的感觉，再根据以往的经验，总结出来这是一个你喜欢吃的苹果。

其实，知觉源自感觉，没有感觉就不可能会有知觉，那么，感觉和知觉有什么联系呢？首先，知觉和感觉都是通过感觉器官接收外界事物的刺激而形成的，离开了外界事物的刺激和感觉

器官，就既没有感觉，也没有知觉。其次，知觉并不是单纯地通过感觉的叠加或累积而组成的，所以，并不是把你对某一个事物的视觉、触觉、嗅觉、听觉等放在一起，就是你对这个事物的知觉，而是通过你在这些感觉的基础上进行概括，才会形成知觉。最后，知觉在感觉的基础上还需要添加每个人自己的知识、思想和经验等，比感觉更复杂，对于不喜欢吃苹果的人来说，通过知觉体验感受到的可能变成"这是一个我不喜欢吃的苹果"，对于

▼ 知觉与感觉都需要大脑来处理

没见过苹果的人来说，又可能总结出的体验为"这是一种味道不错的水果"。

所以，知觉"源于"感觉，又"高于"感觉。

身体内部也有感觉吗

感觉的种类很多，分类方法也多种多样，首先通过感受器的分布情况可以将感觉分为两大类：外部感觉和内部感觉。

外部感觉是指通过位于身体外部（身体表面）的感受器接收外部刺激的感觉。通过皮肤接收外部刺激的感觉叫作"皮肤觉"，通过眼睛接收外部刺激的感觉叫作"视觉"，通过鼻子接收外部刺激的感觉叫作"嗅觉"，通过耳朵接收外部刺激的感觉叫作"听觉"，通过舌头接收外部刺激的感觉叫作"味觉"。因此，外部感觉包括上述五种感觉：皮肤觉、视觉、嗅觉、听觉和味觉。其中，皮肤觉又由触觉、痛觉和温度觉组成。

内部感觉是指通过身体内部的感受器接收刺激的感觉，这类感觉可以反映人的身体内部的器官和肌肉运动的变化。通过肌肉、韧带、关节等接收刺激的感觉叫作"运动感觉"，运动感觉可以反映身体各个部位相对位置发生的变化，以及各个部位运动状态发生的变化；通过内耳的半规管和前庭来接收刺激的感觉叫作"平衡感觉"，平衡感觉可以反映人体做加速、减速运动或旋转运动时发生的变化，维持人体的平衡；通过脏器上的感受器来

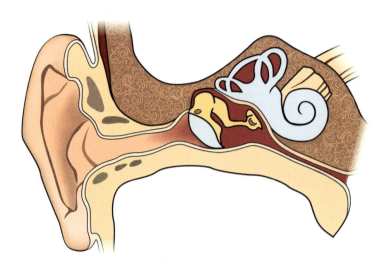

▲ 半规管和前庭获得平衡感觉

接收刺激的感觉叫作"内脏感觉"。因此，内部感觉包括上述三种：运动感觉、平衡感觉和内脏感觉。

内部感觉引起的冲动往往较弱，当传送到神经中枢时，一般会被外部感觉引起的冲动所掩盖，所以在正常情况下你是很少会有内部感觉的，只有在内部感受器受到强烈的刺激时，内部感觉才会变得明显，你才会感受到内部感觉的变化。

人是怎么产生感觉的

闻到玫瑰的花香，听到音乐的悠扬，看到风景的美好，感到身体的疼痛，这些都是我们熟悉的感觉。但是这些感觉到底是怎么产生的呢?

　　当一朵盛放的玫瑰放在你面前时,你会闻到它那芬芳馥郁的花香,所经过的时间也许不到 1 秒钟,然而在这个极短的时间内,其实你已经完成了一次复杂的生理活动——感觉。首先,玫瑰花的香味是这次感觉中的刺激,你的鼻子是这个刺激的接收装置——感觉器官;在鼻子接收到花香的刺激后,会将刺激转化为一种特殊的信息,这种信息叫作"神经冲动"。神经冲动使得信息能够在神经系统中继续传递;这些信息再以传入神经为管道,输送进入神经中枢(比如脊髓和脑);最后,神经中枢会对这些复杂的信息进行处理,知道这些信息的意义是花香,于是你感觉

▼ 神经冲动传递过程示意图

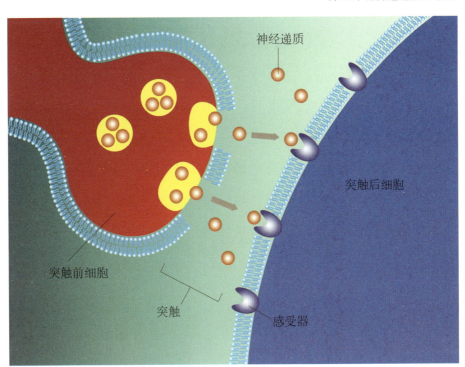

到玫瑰花迷人的香气。

听到音乐的悠扬，看到风景的美好，感到身体的疼痛的过程，都与闻到花香的过程是相似的。刺激作用于相应的感觉器官，转化为神经冲动，通过传入神经进入神经中枢，神经中枢处理信息产生感觉。

感觉产生的完整过程，虽然短短不到 1 秒钟，刺激和神经冲动却已在你的神经系统中经历了很多复杂的路程。

人是怎样接收外界的刺激的

所有的感觉刺激要引起人体产生感觉，必须通过一个特殊的接收装置，这个装置就叫作感受器。所以说，感受器是机体对感觉刺激的接收装置。而感受器加上其附属结构就组成了感觉器官。比如，眼是一种感觉器官，其中排列在视网膜上的感光细胞是光感受器。

感受器分布在人体的各个部位，主要分为体表和体内。位于体表的感受器叫作外感受器，能够接收外界的感觉刺激从而产生外部感觉。位于体内的感受器又分为内感受器和本体感受器，内感受器主要分布于内脏中，用于接收引起内脏感觉的刺激，本体感受器主要分布于肌肉、关节和内耳中，用于接收引起运动感觉和平衡感觉的刺激。

通过感受器的作用，作用于感受器的感觉刺激就可以转化为

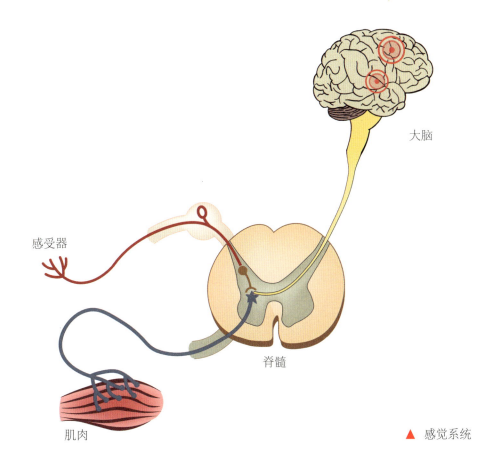

大脑

感受器

脊髓

肌肉

▲ 感觉系统

能够在神经纤维上传递的神经冲动，这叫作感受器的换能作用，同时，不同的感觉刺激能够在感受器的作用下形成不同的神经冲动，进而引发不同的感觉，这叫作感受器的编码作用。通过感受器的换能和编码，感觉刺激就能够以神经冲动的形式，通过神经纤维传递到神经中枢。

皮肤上有"眼睛"吗

　　触觉把物体的触感传送到大脑中，这时候，触觉感受器就如同皮肤上的眼睛；温度觉把环境中温度和湿度的变化反馈在脑海里，这时候，温度觉感受器就如同皮肤上的眼睛；当痛觉可以让人真切地感受到外界带来的疼痛，痛觉感受器就如同皮肤上的眼睛。皮肤上的"眼睛"其实指的是皮肤中的感受器。

　　皮肤存在着大量的感觉神经末梢，这些感觉神经末梢也就是感觉神经（传入神经）的树突深入皮肤的部分，这些末梢和与之相连接的结构共同组成了皮肤中的感受器。按结构来说，皮肤中的感觉神经末梢可以分为两类：游离的神经末梢和有被囊的神经末梢。游离的神经末梢就像在感觉神经的大树上生长的枝条一样，郁郁葱葱地分布在皮肤的真皮层中，接收着外界环境中冷、热、痛和轻触的刺激。有被囊的神经末梢周围都由一层结缔组织被囊包裹着，但是不同的有被囊神经末梢接收不同的刺激，比如，触觉小体可以感受触觉，环层小体可以感受压觉和振动觉。

　　皮肤包裹着我们的身体，也为我们打开了一双观察世界的新"眼睛"！

只轻轻触碰头发，人会有感觉吗

　　试着轻轻地触碰自己的头发，我们立即就能感觉到这种轻微的触动。不只是头发，其他长有毛发的地方也是一样。相比于光滑的皮肤，有毛发的皮肤其实更加敏感。

　　毛发是生长于皮肤中的附属器官，每一根毛发都是从一个毛囊里生长出来的，由毛干和毛根两部分组成。在皮肤外面能够

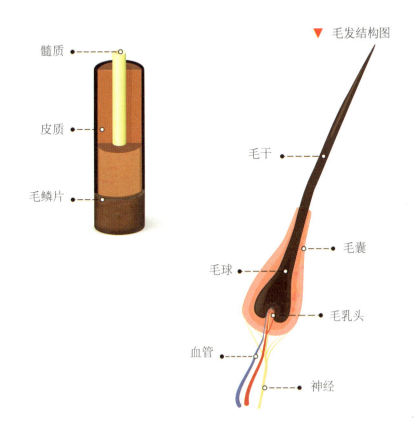

毛发结构图

髓质

皮质

毛鳞片

毛干

毛囊

毛球

毛乳头

血管

神经

看见的部分叫作毛干，生长在皮肤里面被毛囊包裹的部分叫作毛根。毛囊的底部有着丰富的神经末梢。<u>只要受到轻微的触动，甚至毛发周围的肌肉受到刺激，毛发都会发生振动</u>，并迅速传导至毛囊底部的神经末梢，从而产生触觉。

毛发通常可以分为两类，分别是硬毛和毳毛。硬毛颜色深，较粗硬，包括我们的头发、腋毛、睫毛、眉毛等。而毳毛是皮肤上细细的小绒毛，也就是汗毛。汗毛是所有毛发中最敏感的一种，稍有触动就能引起其毛囊底部的神经末梢兴奋起来。

触觉为什么稍纵即逝

在你刚刚穿上一件厚重的毛衣的时候，你可以敏锐地感觉到它的质地、重量以及毛衣和皮肤的摩擦，但是，过一小会儿之后，这些感觉就被完全忽视了。这是因为，在毛衣给皮肤带来的刺激持续发生作用时，传入神经纤维的冲动频率逐渐下降，皮肤对这一刺激的反应逐渐减弱或消失，这也就是触觉的适应。

在一开始穿上毛衣的时候，皮肤能够感受到自己正在承受着一阵持续均衡的压力，于是皮肤上的感觉神经纤维就会被激活，你就会感受到毛衣与皮肤摩擦时产生的不舒适；然而，当这个压力持续一段不太长的时间后，皮肤上的感觉神经纤维就会渐渐地停止工作，而你会发现自己也渐渐地适应了毛衣给你带来的不适。所以，即使我们身上每天都穿戴不同的衣服鞋帽，戴着手表

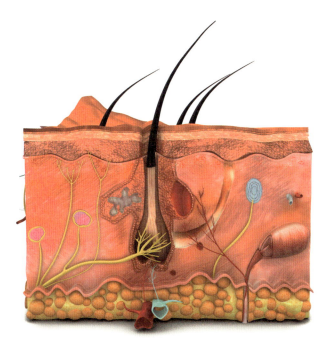

▲　感觉神经纤维

等，也不会妨碍正常生活。除非作用于皮肤的刺激发生了新的变化，比如在中午天气变热的时候你有可能会出汗。一旦发生了任何新的变化，皮肤上的感觉神经纤维就会即刻爆发，开始疯狂地工作。这个时候你就会发现，毛衣让你感到前所未有的不适，让你烦躁不安。

　　触觉虽然不是最容易适应的，但它是所有感觉中适应起来最快的一种，从接收刺激开始到发生触觉适应，只需要 3 秒左右。

为什么挨打之后身上会留下巴掌印呢

当身体受到伤害性刺激之后，不仅会引起机体的痛觉，还会使机体产生"痛反应"。痛反应是指在伤害性刺激下，机体产生的一系列生理变化。痛反应和疼痛的程度有关，疼痛的程度越强，痛反应越剧烈、越集中；疼痛的感觉越弱，痛反应则越轻微、越微弱。

痛反应分为三类，分别为局部反应、反射性反应和行为性反应。局部反应是指受刺激的部位对伤害性刺激所做出的简单反应，往往不需要中枢神经系统的参与，例如受刺激的局部血管扩张，使得局部皮肤出现潮红，例如"巴掌印"就是痛反应的躯体局部反应。反射性反应是指机体对伤害性刺激所做出的节律性反应，参与的神经中枢一般为交感神经和副交感神经。一般来说，反射性反应都是指刺激引起的骨骼肌收缩，当受到剧烈的疼痛时，还会出现心率加快、血管收缩、血压上升的表现。行为性反应是指机体受到伤害性刺激后，人还会做出逃跑、反抗、攻击等行为，这需要各级中枢神经系统的参与，特别是大脑皮层对信息进行整合后才会做出相应的行为。例如，在挨打后，感到疼痛，身上出现"巴掌印"的同时，你也会赶紧逃跑、躲避。

痛觉是一种相对主观的感觉，每个人对疼痛的承受能力不同，对疼痛的语言表达不同，所以很难通过痛觉本身来判断疼痛

▲ 受伤后身体会出现痛反应

的程度，而痛反应可以反映疼痛的程度，因此痛反应往往被当作
判断疼痛程度的依据。

人可以同时感受到冷和热吗

　　想要同时感受到冷和热当然没问题，一只手放进冰水里，一
只手放进热水里，就可以感受到冷和热给你带来的双重体验。但
是，如果身体表面的皮肤都处在一个相同的外界环境中，在同一
时间内，还能不能既有冷的感觉又有热的感觉呢？

其实，冷、热觉感受器感受的温度变化范围是不一样的。冷感受器在受到 12 ~ 36℃的温度刺激时能够发射神经冲动，在25℃时发射神经冲动的频率最大，可以达到每秒 10 次左右，所以冷觉感受器在 25℃时最敏感。如果人体处于一定温度的环境中，随着刺激温度的下降，冷觉就明显，但是当温度降低至 12℃以下时，会感到难以忍受，而冷的感觉不会继续加重。

热感受器在受到 22 ~ 46℃的温度刺激时能够发射神经冲动，但热感受器发射神经冲动的频率比冷感受器要低，即使在热感受器最敏感的 40℃时，其频率也只有每秒 4 次左右。热觉也是一样，在一定范围内，随着温度的提升，热的感觉越发明显，但是超过 43 ~ 44℃时，主观的热觉就不会继续增加。

这样看来，当周围环境的温度处于 22 ~ 36℃的时候，冷感受器和热感受器都可以发射神经冲动，那么冷觉和热觉是不是就可以同时工作呢？实际上，在 30 ~ 36℃这个温度范围内，冷觉和热觉确实都可以存在，但并不能同时存在。如果温度上升，就会有热的感觉；如果温度下降，就会有冷的感觉；如果温度恒定，机体就会适应环境的温度，没有冷或热的感觉。

哪种感觉是人类最早出现的感觉

嗅觉是人体最直接的一种感觉，也是人类进化的过程中最早出现的一种感觉。人体的脑部就是由神经束上方的一小块嗅觉细

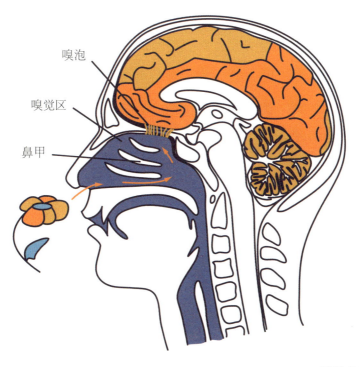

嗅泡

嗅觉区

鼻甲

▲ 嗅觉产生过程

胞逐渐分化演变而来。因此，相对于画面和声音来说，气味更容易刺激人对事物的认知，更容易激发人的记忆。如果在教孩子认字的时候，配上一些和嗅觉有关的信息，可以让这些字更容易被回忆起来，也更容易被记住。

嗅觉对于生命来说非常重要，像鲸一样的大型海洋动物只能静静地等着食物冲进它们的口中，或者等着食物冲到它们的触须可以抓住的地方。但是，人类在嗅觉的引导下，成长为游牧者、狩猎者，能够主动地去选择自己需要的食物。嗅觉还能够与味觉相互整合，组成人体重要的安全测试装置，当嗅觉感觉到有毒气体将要入侵人体时，能够及时给机体发出警告，从而避免有

毒的物质进入我们的身体，也能够联合味觉阻止我们食用有毒的食物。

人的鼻子可以闻到多少种气味

在大自然中，能够引起嗅觉的有气味物质大约有 20000 种，其中人类嗅觉能够分辨的气味只有 2000 ～ 4000 种。尽管气味很难用语言来描述，但是所有的气味都可以划分为几个基本的类别，目前认为，大自然中可以刺激人体产生嗅觉的气味都是由薄荷味、花香、乙醚味、麝香味、树脂味、臭味和酸味这七种基本气味组合而成的。

不管是人还是动物对不同气味都有一定的敏感程度，这叫作

▼ 灵敏的狗鼻子

"嗅敏度"。人类的嗅觉已经很灵敏了。如果空气中正丁硫醇的浓度达到每毫升107个分子，就已经能够刺激人体产生嗅觉了，相当于每次吸气时仅需要8个分子达到鼻腔即可。不过，有些动物的嗅觉更灵敏，狗对醋酸、丙酸等酸性物质的嗅敏度特别高，比人类要高出几万倍。同一种动物对不同物质的嗅敏度也是不同的。

即使空气中只有很小量的刺激因子存在，也能够被嗅出来，这是嗅觉的一个基本特征。甲基硫醇在空气中的浓度只要达到每毫升1/25000000000毫克就能够被嗅出来，这是一种存在于天然气中的物质，所以在天然气管道泄漏的时候，就算是少量的气体漏出也能被及时发现。

嗅觉还有一个显著的特点就是感觉适应快，当某种气味出现之后，可以很快刺激机体产生嗅觉，如果这种气味持续存在，对这种气味的嗅觉就会减弱，甚至消失。嗅觉是众多感觉中最容易适应的一种。

最臭的气味是什么

实际上，这个世界上并没有最臭的气味，因为不同的文化、年龄和个人癖好对"臭"的评判标准也不一样。对小孩来说，大多数气味都是他们喜欢的，因为他们还不懂得每种气味被赋予的不同含义。随着他们的成长，大人会告诉他们不同的气味都是

由哪些不同的物质散发出来的，这样大人的看法也就渐渐影响着孩子对"臭"的判断，他们心中也就会讨厌那些自己认为臭的气味，喜欢那些自己认为香的气味。

在大部分地方人们都会认为排泄物的气味臭不可闻，但是在非洲马萨伊草原上居住的人们却总是将牛粪涂抹在头发上，他们认为这样不仅使头发有了橙黄色的光泽，而且还让自己的头发有着"独特"的气味。

大家也都普遍认为屁是一种令人反感、失礼的气味，但是放屁其实是一种再正常不过的现象，只要你的肠道在蠕动，肛门就会排出气体。人的胃肠道里面含有很多能够帮助食物消化的菌群，在吃东西的时候，这些菌群就会开始工作，和食物相互作用，并产生气体。这些气体伴随着胃肠道的蠕动，向下移动，最后由肛门排出。也就是说，放屁是因为人体的消化道正在正常地运转。

◀ 牛粪

臭豆腐为什么闻起来臭吃起来香呢

有时候，你可能会认为自己可以嗅出来食物的"口味"。就拿著名的小吃臭豆腐来说，很多人在第一次嗅到它时，都会认为这是一种很臭的食物，不论是气味还是口味；但是大多数品尝过臭豆腐的人，都会认为它的味道还不错。其实，我们的味觉只能辨别酸、甜、苦、咸这四种口味。而我们以为是"口味"的东西，有的是"气味"。所以，臭豆腐散发出来的气味会刺激嗅觉，让人感到臭；而在用舌头品尝时，臭豆腐的口味又会刺激味觉，让人感到香。

如果你想要知道某种东西的气味，必须首先让这种东西在空气中挥发；如果你想要知道某种东西的口味，必须用舌头去品尝，而且嗅觉和味觉在很多时候都是会相互影响的。

在太空中，失重会使宇航员的嗅觉更加迟钝，在零重力的情况下，物体的气味分子无法挥发，因此只有很少的气体分子能够进入鼻腔，让人分辨不同的气味。这也给设计太空食品的营养师制造了难题，因为人类在品尝食物时，很大程度上是被食物散发的气味吸引的。有的化学家甚至认为葡萄酒是一种"气味浓郁芳香"的"无味"液体，所以在感冒鼻子不通气的时候，喝葡萄酒就像喝水一样。

当然也有很多你自认为能够嗅出气味的食物，其实只是通过

▲ 臭豆腐

舌头品尝出它的口味。糖是一种不容易挥发的食物，所以尽管很多时候，你会认为某种糖闻起来很香，而实际上你只是品尝到糖的甜味，却不是"嗅"到它的气味。

什么感觉最适合与人分享

皮肤觉和嗅觉是我们在独处时可以享受的感觉，然而对于味觉带给我们的喜悦，我们却大多喜欢与人分享。无论是在重要的节日，还是闲暇的周末，我们都会呼朋唤友，大家一起去享受一顿丰盛的美食。所以味觉算是最适合与他人分享的感觉。

　　味觉之所以易于与人分享，其奥秘就在于食物本身就具有强大的社会功能。比如，当有朋友来家里做客时，主人会端出各种水果以及点心，来显示友善和礼貌。在非洲中部的班图族的文化里，和外族共享食物，就意味着大家可以和平共处，不需要通过战争来解决矛盾。此外，在很多国家的文化中，许多的节日也是通过全家人聚在一起享用一桌丰盛的美食来庆祝的，比如每年 11 月份第四个星期四是美国传统节日感恩节，在那天美国人合家欢聚，人们在餐桌上分享烤火鸡和南瓜馅饼等传统美食，来感谢上帝赐予的丰收。而在中国的除夕之夜，大家也会准备一桌丰盛的美食，举杯欢庆，辞旧迎新，庆祝过去一年的累累硕果，同时也

▼　与他人一起分享食物

祝愿来年幸福平安。

所以说，味觉与其他的感觉不同，非常适合和亲朋好友分享，让美食带来的喜悦增倍。此外，与陌生人分享食物，也体现了和平友好，可以增进感情。

辣是一种味觉吗

虽然"辣"是许多美味佳肴特别是川菜的特色之一，可是辣并不是一种味觉。我们通常所说的味觉是由舌头表面的味蕾所感受到的特殊感觉，前面我们已经提到了味道虽然很多，可是主要

◀ 辣椒与辣椒粉

是由四种基本的味道即酸、甜、苦和咸所组成的。所谓的"辣"并不属于味觉，它其实是一种轻微的"痛"，是分布在舌头上的专门感知伤害性刺激的神经末梢，接收到辣椒素或者酒精等刺激性物质后所传达出的信号，它并不是由味蕾作为感受器所感觉到的。"辣"这种感觉的信号传导通路也和酸、甜、苦和咸的感觉传导通路不同。当我们在伤口处涂上少量的辣椒粉也可以产生类似于"辣"的感觉，这就证明辣与普通的味道是不同的。

辣椒之所以会产生辣味，是因为其含有大量的辣椒素。辣椒素可以和我们口腔壁以及舌头上神经末梢的某种特殊蛋白质——香草酸受体结合，产生痛觉。因为发生在口腔中，并且这种痛觉是轻微的，所以我们就觉得"辣"。这种特殊的蛋白质还对热特别敏感，于是当我们在吃同样辣度的热腾腾的麻婆豆腐时，我们会觉得它比凉了之后再食用更辣。

为什么有的声音会让人烦躁不安呢

马路上汽车尖锐刺耳的鸣笛声，街道上嘈杂的说话声，建筑工地上不停轰鸣的机器声，以及大半夜邻居家小孩的哭闹声，这些让人烦躁不安的声音可以统称为噪声。从物理学角度上讲，噪声是指那些音调和响度变化无规律可言、杂乱无章的声音；从生理学角度上讲，凡是妨碍人们正常工作、学习和生活的声音都属于噪声。根据这个定义，噪声的来源很多，只要是对你正常的学

▲ 噪声

习生活造成了干扰，都可以称之为噪声。

噪声对人体造成的危害主要表现在以下几个方面：①损伤听力。如果人长期在高于 95 分贝的噪声环境中工作和生活，大约三分之一的人会渐渐地丧失听力；若是突然暴露在 120 ～ 130 分贝的噪声中，人耳会感觉到疼痛。②损伤神经系统。高强度的噪声会使人出现头晕、头痛、失眠、记忆力障碍等症状。③损害心血管系统。强噪声会使人的脉搏和心率发生改变，血压升高。④损害消化系统。长期暴露在噪声环境中，胃肠功能容易发生紊乱，出现食欲不振和消化不良等症状。

正因为噪声会给我们的身体健康带来危害，科学家们建议，噪声应该控制在 90 分贝以下，睡眠时噪声应该控制在 50 分贝以下。

为何听觉会过敏

　　有些人对声音非常敏感，稍微高分贝的声音就会让他们感觉到不舒服。还有的音乐制作人对乐音非常敏锐，如果有音符稍微不对，他们就会立刻觉察出来，浑身都不自在。这两个例子都是听觉过敏的典型表现。

　　从字面意思上讲，听觉过敏就是对声音的响度的容忍度很低，即使非常微弱的声音，这类人也会觉得非常吵，非常刺耳，出现耳鸣、头痛症状。引起听觉过敏的原因有很多，比如常有偏头疼的人、患有创伤后应激障碍的人以及抑郁症患者，在他们的身上都可能观察到听觉过敏的症状。此外，如果我们过度疲劳、焦虑，体内有一种叫作内源性强啡肽的物质，则会从细胞中释放出来，从而增强我们感知声音的能力，使得我们感觉听到的声音被放大了无数倍，所以，在忙碌了一整天好不容易可以躺在床上休息时，总是觉得时钟嘀嗒的响声格外刺耳。

　　另外，患有自闭症或抑郁症的孩子因为长期封闭在自我世界中，不与外界接触，他们的听觉会发生异常，可能对声音刺激非常敏感，存在听觉过敏的症状，也可能不会对声音产生任何反应。有些患有自闭症的孩子可以清楚地听到自来水流过水管的声音，甚至还能听到血液在身体中流淌的声音。

眼见的都为实吗

我们常说"耳听为虚，眼见为实"，可是眼见的就都为实吗？

你见过法国国旗吗？法国国旗从左至右由纵向的蓝、白、红三色条形组成，为了看上去三色均匀，条形宽度的比例一度被设

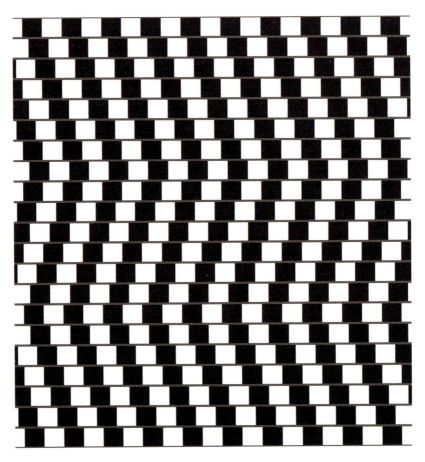

◄ 视觉错觉

计为 30 ： 33 ： 37。为什么要设计成这样的比例呢？其实最初这三种颜色的宽度是相等的，但是人们总觉得白色条最宽，而蓝色条最窄。这是因为白色给人以扩张的感觉，而蓝色则有收缩的感觉。这种现象就是视错觉，也叫影像错觉。为了平衡这种错觉，三种颜色改为了后来的比例，人们终于感觉它们的宽度相等了。现在的法国国旗又修改回了三等分的设计，有兴趣的话可以去看看这面国旗，你是不是也感觉到了三块颜色大小不同呢？

生活中类似的错觉还有很多，我们也可以利用视觉的错觉效应，追求特定的视觉效果。不同的形状可以给人们带来不同的视觉感受：比如菱形的瓶子相对于方形的瓶子，会因为张力作用而显得大一些。如果把昂贵的香水包装瓶设计成这种形状，就可以让人有种容量加大的感觉。发型设计师也会通过对头发的耸起、展开、垂摆，来改善脸型的视觉效果。

现在，你还相信眼见为实吗？

第四章

看得见的细菌，看不见的细菌威力

细菌是地球上最早的一批居民，它们存在的历史要比人类的历史更久远。甚至有科学家认为，细菌才是这个地球上最具智慧的生命，它们虽然不动声色，却在亿万年间统治着地球，而自以为拥有文明的人类只是还没意识到细菌的威力。

仔细想想，我们对细菌的了解实在太少，虽然在生活中我们会经常听到或看到"细菌"二字，但细菌像是我们身边最熟悉的陌生人，近在咫尺却又远在天边。

关于细菌，每个人可能都有很多疑问。它们无处不在，却为何像隐形人一样不露行踪？没有口鼻，如何自在呼吸？没有手

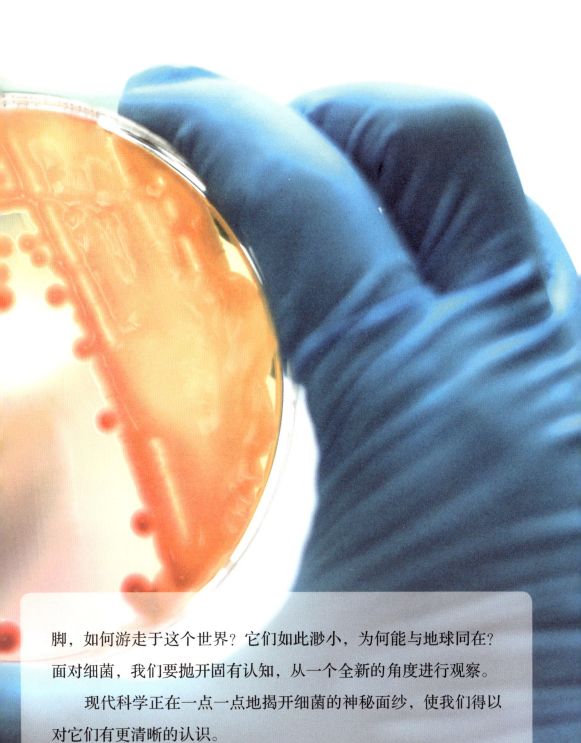

脚，如何游走于这个世界？它们如此渺小，为何能与地球同在？面对细菌，我们要抛开固有认知，从一个全新的角度进行观察。

现代科学正在一点一点地揭开细菌的神秘面纱，使我们得以对它们有更清晰的认识。

什么是细菌

日常生活中，我们常常会从电视、网络或书籍中听到或看到"细菌"二字，而提到细菌的大多是一些关于疾病的负面信息，因此我们得到的信息也往往是片面的。

"细菌"二字听起来好像很神秘，但在生物学家的眼里，它们却属于最简单的一类生物。

跟人类一样，细菌也有细胞结构，不过通常一个细菌只由一个细胞组成，而人体则是由几十万亿个细胞组成的。与人类细胞不同的是，细菌的结构要简单得多，比如细胞核、细胞骨架等结构细菌都不具备，但是细菌的细胞比人类的细胞多了一层叫作"细胞壁"的外衣，这件"衣服"有维持细胞形态和保护细胞的功能。细菌非常小，通常只有几微米大，肉眼无法观察到，需要借助显微镜才能看到，但它的数量却不容小觑。可以说是地球上数量最庞大的生物群。

这么多的细菌生活在哪里呢？其实，它们的分布范围非常广泛，空气中、土壤里、水里甚至我们体内都生活着数不清的细菌，可以说是上天入地，无所不在。但不用担心，一般情况下，这些细菌并不会影响到我们的生活，与之相反，正是这些无所不在的细菌帮助我们正常并且健康地生活着。

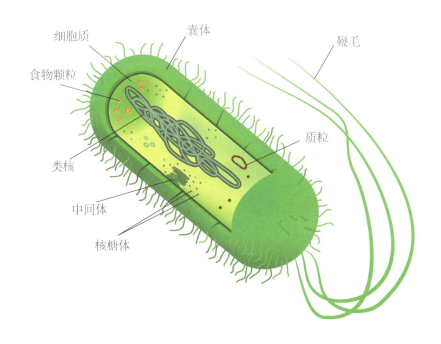

细胞质　　　囊体　　　　　　　鞭毛

食物颗粒

类核　　　　　　　　　　　　　质粒

中间体

核糖体

▲　细菌结构图　　　　　　　　　　　▼　沙门氏菌

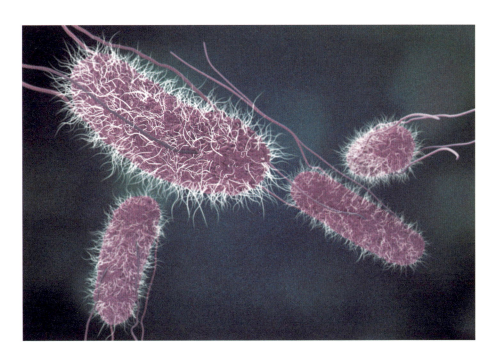

细菌究竟有多大

　　我们身边的细菌数不胜数，但是我们却从来发现不了这些小家伙，大家一定都知道原因，因为细菌太小了，小到我们根本不能用肉眼分辨，那究竟细菌有多大呢？

　　科学家对各种细菌测量后发现，细菌平均直径在 1～2 微米，这是什么概念呢？打个比方，一根头发的直径大约是 80 微米，也就是说 40～80 个球菌首尾相接的长度才和一根头发的直径相

▼ 显微镜下的细菌

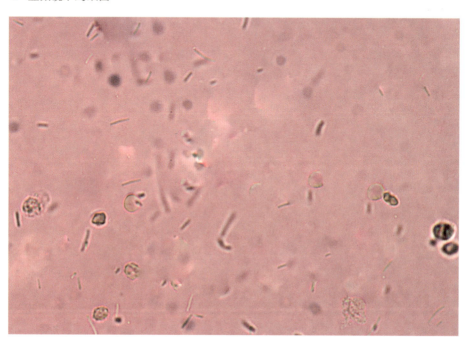

当。当然细菌中也有一些超级大块头，21世纪初，科学家在纳米比亚海岸采集到一些硫细菌的标本，将这些标本带到实验室研究后发现，这种细菌几乎用肉眼就能辨别，直径能够达到0.1～0.3毫米，相当于普通细菌的100多倍，如果考虑到体积的话，那普通细菌在硫细菌的面前就像是大象身边的一只小老鼠。这种细菌水含量很高，细胞内有细小的硫颗粒，在阳光下呈现出耀眼的白色，排列在一起就像是一串美丽的珍珠项链，因此科研人员将这种细菌命名为"纳米比亚珍珠硫细菌"。

细菌这么小，科学家如何测量它的直径呢？其实方法很简单，只需将细菌用化学物质染上颜色后，放在显微镜下观察拍照，测量出照片中细菌的大小，再用这个长度除以显微镜的放大倍数，就能得到细菌实际的大小。

细菌有颜色吗

颜色可以说是构成这个世界的基本元素，失去了颜色，整个世界都会变得暗淡无光。生活在地球上的大多数生物都喜欢用颜色来装饰、区别彼此。拿我们人类来说，分为黑、黄、棕、白4种肤色。而自然界的其他物种，如蝴蝶般五颜六色和孔雀般绚烂夺目者，更是数不胜数。那么细菌呢，所有细菌都是一个颜色吗，还是说它们也多姿多彩的呢？

要回答这个问题，首先得了解一下细菌的生长方式。我们

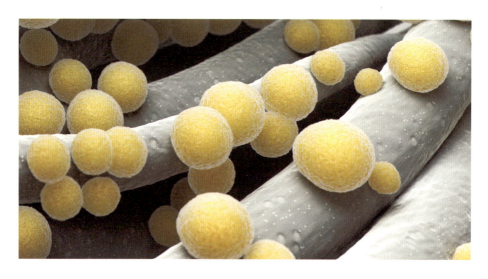

▲ 金黄色葡萄球菌   ▼ 铜绿假单胞菌

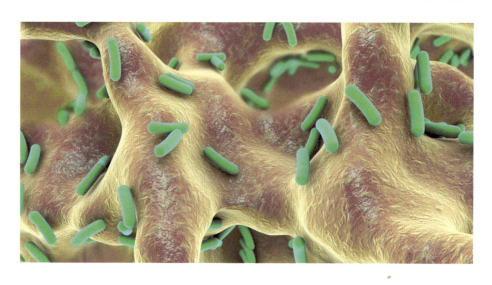

知道单个细菌非常之小，肉眼根本无法看见，也就无从分辨细菌的颜色。然而细菌这个小家伙却喜欢抱团生长，一个细菌分裂繁殖出的千万个细菌都喜欢聚成一团，形成菌落。正因为如此，细菌的颜色也就清晰了，使人们能够辨别细菌。这就好像是一锅汤中加上一滴调味料，我们可能尝不出来是什么味道，但是加了几十滴甚至几百滴之后，就一定能判断出加的究竟是醋还是酱油了。

原来，细菌也是一群爱美的小家伙，都有各自的爱好：金黄色葡萄球菌喜欢穿着闪闪的金黄色外衣；铜绿假单胞菌喜欢青铜般的绿色；还有的喜欢纯净的白色，如念珠菌。然而这些细菌的颜色并不固定，在不同的环境中由于食物的不同可能会显现不同的颜色。

像其他生物一样，鲜艳的颜色可能是对敌人不要靠近的警告。因此当看到食物上长有菌斑时，千万要小心，不要食用。

细菌需要氧气吗

绝大多数生物都需要氧气进行呼吸，比如人类如果离开了富含氧气的空气很快就会死亡。那么细菌脱离了氧气还能生存吗？

事实上，并不是所有的细菌都需要氧气，而细菌所进行的呼吸和我们人类的呼吸也有很大差别。根据对氧气的需求，细菌主要分为厌氧细菌和需氧细菌，厌氧细菌和需氧细菌一样普遍存在，它们都通过呼吸作用来获取生长所必需的能量，但方式有所差别。

厌氧细菌能够进行无氧呼吸，这种方式被称为发酵，这类细菌无需氧气便能将糖类降解为不同产物，这个过程中发生的化学反应能够为厌氧细菌提供足够生长和繁殖的能量。还有一些严格

厌氧细菌，不仅不能利用氧气，反而还会被氧气杀死，其中最有名的就是肉毒杆菌，它们生活在缺少氧气的胃肠道中。至于需氧细菌，它们则能够利用氧气，通过有氧呼吸将糖类完全降解为二氧化碳和水，这一过程会提供给它们大量能量，能够感染人类肺部的结核分枝杆菌便属于此类细菌。比较特别的是一类兼

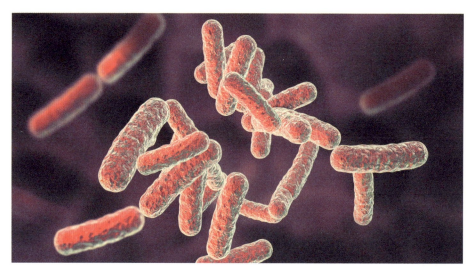

▲ 结核杆菌

▼ 肉毒杆菌

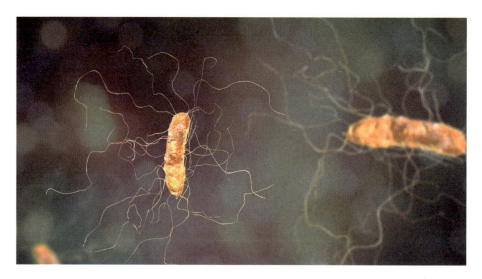

性厌氧细菌，这类细菌很机灵，能够根据环境中氧气含量的高低，分别进行有氧呼吸和无氧呼吸，我们熟悉的大肠杆菌便属于这类细菌。

然而，无论是无氧呼吸还是有氧呼吸，都是细菌为适应环境而进化出的生存手段，并无高低优劣之分。

细菌会休眠吗

我们知道一些动物，比如蛇和刺猬在冬天来临的时候，会躲藏起来睡上几个月的时间，以降低自身消耗的方式度过漫长的冬天。而细菌在艰苦的环境下也会用类似的办法。

当外界环境变化，没有水，没有食物，温度很高或很低，已经不再适合普通细菌生存的时候，细菌会在内部生成一个叫作"芽孢"的结构，这种结构的细胞壁很厚，水分含量很低，通常是圆形或椭圆形的。芽孢可以算是生物界的"超人"，对大多数细菌来说 80 摄氏度便可让它们立即毙命，但是形成芽孢的细菌在 100 摄氏度的沸水中仍能存活几个小时。低温也能杀死很多细菌，但抗拒低温对形成芽孢的细菌来说却是小菜一碟，在寒冷的南极永冻层中都有它们的踪迹。此外，芽孢菌还有许多特殊技能，比如有远远强于普通细菌的抗辐射能力和抗高压能力。芽孢一旦形成便可以保持数年或数十年的生命力，有科学家甚至在几千年前的冻土层中发现了存活的芽孢。

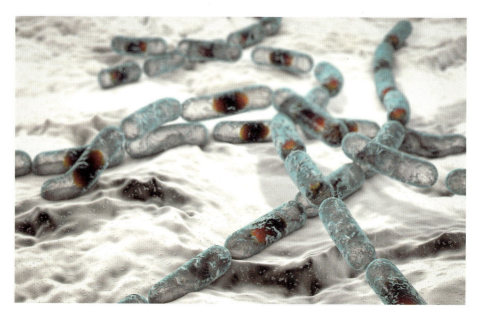

▲ 蜡样芽孢杆菌

　　四季变换，当春季来临时，冬眠的动物能够感受到周围温度的上升，并逐渐从冬眠中苏醒。芽孢也是一样，当受到外界的刺激，比如热处理后，芽孢就会被激活，开始出芽并继续生长。

　　芽孢就像细菌的一粒种子，它能将细菌的精华进行储存，等到合适的时机，便会孕育出新的生命。

细菌如何传宗接代

　　地球上任何生物都会传宗接代、繁衍生息，细菌也不例外。我们都知道许多哺乳动物包括人类，都是通过雄性与雌性的结合，即有性繁殖来传宗接代，而且通常一生的子女数目不会很多。

　　细菌和哺乳动物完全不同，它们没有性别之分，因此绝大多数繁殖过程只需一个细菌便可独自完成，科学家称细菌这种无性繁殖的方式为"二分裂"。细菌的繁殖过程以基因的复制作为开始，随着体内基因的不断复制，细菌的细胞壁逐渐生长，细菌体积也随之增大，当基因和细胞壁完成增长后，细菌便开始进入分裂期，这时在细菌的中间部位，细胞质膜开始向内部凹陷生长，最终细胞壁在细菌一半的位置结合，分裂成两个大小差不多的独立细胞。和我们人类不同，细菌的传宗接代无时无刻不在进行，当一个细菌一分为二时，新生成的子代细菌就已经开始了新一轮的复制。

　　那分裂完成的这两个细菌和上一代细菌是不是完全一样呢？

▼　正在通过分裂繁殖的细菌

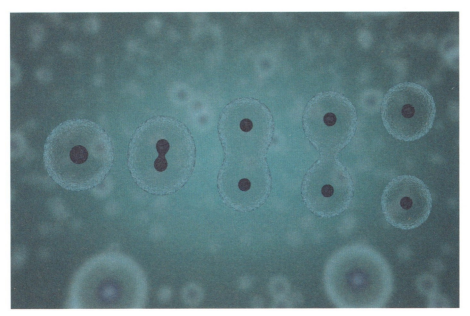

答案是否定的，原来，细菌在进行基因复制工作的时候不能做到百分之百准确，偶尔也会出些小差错，这种差错被称为"基因突变"。可以说，正是这种不间断的繁殖和突变推动着细菌的进化。

细菌也需要吃东西吗

吃饭是我们每天都要做的事，早晨起床后，我们要吃鸡蛋、喝牛奶、饮豆浆等，靠各种食物来补充营养，中午和晚上也要再各吃一次。那么，微小的细菌也要吃东西吗，它们都吃些什么呢？

细菌的食谱要比人类的丰富，可以说无论环境有多艰苦，细菌都能找到适合的食物，似乎没有忌口。为了更好地认识细菌，科学家对细菌的营养来源进行了归类，共有碳源、氮源、无机盐、生长因子和水五类物质。碳源物质有很多，包括二氧化碳、脂肪、糖类等，其中微生物最常利用的就是各种糖，而通过对糖类的利用，细菌也能够获得能量。氮源物质主要是细菌用来合成自身的含氮物质，常见的有肉类、氮气等。我们在剧烈运动出汗后常需要喝盐水来补充电解质和水分，细菌也是一样，需要水和多种无机盐离子来保持活力。生长因子是一些细菌自身不能合成，但为了生长又必需补充的化合物，虽然生长因子的需求量很小，但它们发挥的作用却很大。

那么没有嘴巴的细菌是如何进食的呢？原来，细菌表面的细

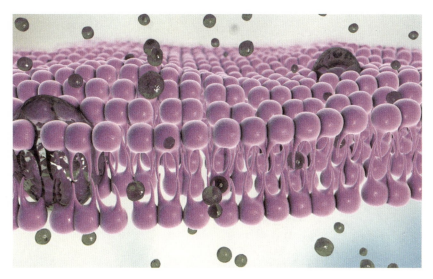

▲ 水分子正在通过细胞膜

胞膜相当于它们的嘴巴，可以将所需要的营养物质搬运到膜内，再通过一系列复杂的代谢将这些食物转化为自身的物质，从而完成生长繁殖。

细菌生长有多快

　　人类从出生到成年差不多要 20 年，狗类从出生到成年差不多需要 2 年，而细菌从出生到分裂繁衍大约只需要 20 分钟。科学家做过实验，刚洗完澡的皮肤，经过几小时后重新检测，仍会布满细菌，这种生长速度意味着什么呢？

　　大多数细菌繁殖一代的时间是 20 ~ 30 分钟，以 20 分钟为

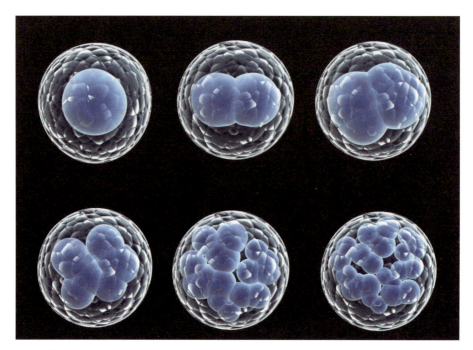

▲ 细菌分裂过程

例计算，一个细菌生长 20 分钟后变为 2 个，40 分钟后变为 4 个，如此循环，3 小时后变为 512 个，6 小时后变为 262144 个，一天后就能长到 472236648286964521369 个！也有人估计，一个大肠杆菌如果有充足的食物供给，并且无节制地自由生长，3 天就可能超过整个地球的重量。细菌生长速度之快，可见一斑。

　　然而不必为此担心，只有在理想情况下细菌才能维持如此规模的成倍增长。现实中，由于食物资源与环境资源的限制，细菌并不会无限制地生长下去。其生长过程大致分为四个阶段：首先是迟缓期，当细菌进入新环境时并不会马上进行分裂，而是缓慢生长，适应环境；然后是对数期，这个时期的细菌会开足马力，大量繁殖；经过快速增长后细菌会进入稳定期，由于之前对食物的消耗和生长环境的变化，细菌繁殖的速度与死亡速度会逐渐平衡，也就是数量的增长降低至零；最后细菌会进入衰亡期，由于周围有毒物质的增多且营养消耗殆尽，这一时期的细菌会大量死亡，因而数量会逐渐降低。

小贴士

细菌虽然有很强的繁殖能力，但是在有限的资源里，如果不进行"计划生育"，就不能够实现可持续发展。

细菌对人体都有害吗

很多人听到"细菌"二字就会马上联想到疾病，然而事实真的如此吗？细菌真的对人体有害无益吗？

近年来，随着科学研究的进步，一种全面客观看待细菌的观念被科学家所提倡，这种观点认为，人类和细菌有着密不可分的关系，人类一出生便开始接触细菌，不断出现的细菌能够增强人体免疫力。人体大多数部位都居住着多种细菌，不同种群的细菌在一定范围内会达成一定的平衡，当这种平衡被破坏时，才会对人体产生危害。许多致病菌，比如能够引起咽炎的链球菌，在一

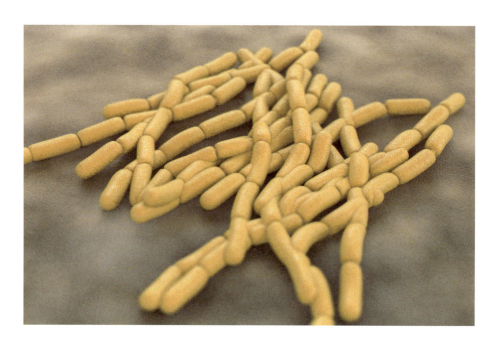

▲ 乳酸菌

▼ 肺炎链球菌

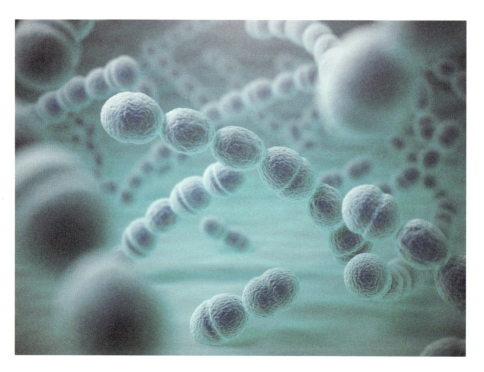

个健康人的身上也能找到。这表明即使是有致病能力的细菌，若处在一个被控制的环境中，可能不会对人体造成危害。这就好比地球上的国家一样，和平的世界中，国家有大有小、有强有弱，但国家间相互依存或相互制约，从而形成微妙的平衡。

小贴士

很多时候，恐惧都来源于未知，当真正了解了细菌以后，你是否还会惧怕细菌呢？

细菌有天敌吗

自然界中生物种类繁多，野兔吃青草，狐狸吃野兔，狼吃狐狸，各种生物通过吃与被吃的关系建立起一条生物链。那么，有专吃细菌的生物吗？

20 世纪初，生物学家发现了一类细菌的天敌，叫作噬菌体。这是一类能杀死细菌的病毒，它们的长相很奇特，通常由一个多面体"头部"、一个管状"身子"和几条细细的"腿"组成，看上去像一只蜘蛛。它们的个头儿非常小，比细菌要小得多，但是本领却非常大。

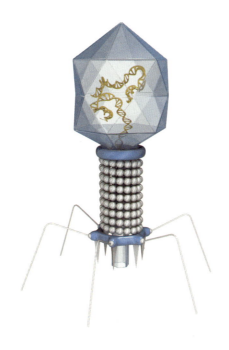

▶ 噬菌体

　　就像细菌能够寄生在人类身上一样，噬菌体寄生于细菌上并最终杀死细菌。做到这一点只需几步：首先噬菌体用它细细的"腿"吸附在细菌表面，释放出的溶菌酶在细菌身体上溶解出一个洞，接着噬菌体把细长的"身体"插进细胞膜内，把位于"头部"的DNA像注射器一样一股脑儿打进细菌体内。可别小看这些DNA，虽然噬菌体把外壳都留在细菌外，但它的DNA却像指挥官一样，能够指挥细菌的DNA为自己服务，让细菌开足马力生产噬菌体的DNA和蛋白质，然后这些物质在细菌体内组装成一个个新生的噬菌体。等到数量足够多时，这些噬菌体就会毫不留情地将细菌溶解掉，杀向更多没有被感染的细菌。整个过程用时极短，大约40分钟就能从一个噬菌体复制为几百个，这比细菌的繁殖还要迅速。

人一出生就携带细菌吗

我们每个人身上都居住着成百上千万亿个细菌，占据我们体重的十分之一，而其数量更是我们人体细胞的 10 倍左右。所以换个角度看的话，我们人类是由 90% 的细菌组成的。那么，如此多的细菌是我们与生俱来的吗？

当我们还是妈妈肚子里的胎儿时，我们处在一个叫胎盘的地方。胎盘将胎儿与母体隔离开来，形成一个相对封闭的环境，因

▼ 通过呼吸道和食道，细菌进入人体

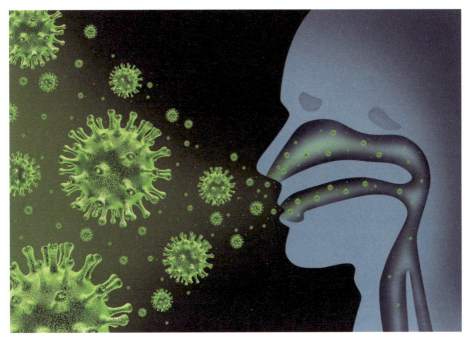

此细菌很难溜进胎盘。当我们刚一出生时，周围的细菌就开始在我们身上安家落户。由于皮肤暴露在空气之中，就成为细菌最先争夺的领域。然后随着我们的呼吸，空气中的细菌会被吸进肺里，一些细菌就会像随风飘散的种子一样，在呼吸道、鼻腔和肺部落叶生根，发展壮大。在出生一段时间后要开始进食，这时混迹于食物中的细菌就一起进入胃部。由于胃部酸性很强，大多数细菌都难以通过这个"鬼门关"，但总有一些生存能力强的细菌能够活着离开胃部进入肠道这个"世外桃源"。苦尽甘来，到达肠道的细菌总算能够安心地享受这里的美食，迅速扩张地盘了。

小贴士

　　某种细菌在率先抢占了人体某种器官后，会画地为牢、占山为王，后面来的细菌也想来分一杯羹的话，那就得先问问这里细菌大哥答不答应了。

大脑里有细菌吗

　　大脑可以说是人体最重要的器官，它指挥着我们的全身。如果我们的手或者脚受伤后被细菌感染，这不算什么大问题，只要稍加治疗就可恢复。然而，如果是大脑被细菌感染，那就会危及

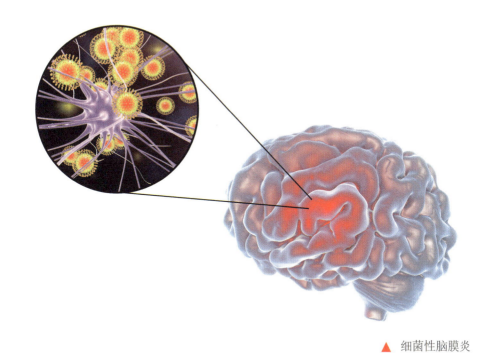

▲　细菌性脑膜炎

生命。由于大脑的重要地位，我们的身体也对大脑进行了特殊的保护。

　　大脑的运作需要大量的能量，因此有许多毛细血管为脑部提供血液，输送营养。但是如果细菌和一些大分子物质混在血液中伺机进入大脑，那将会给我们带来很大的麻烦。因此，为了防止这种现象发生，与大脑接触的毛细血管做了一些防护措施。这些毛细血管管壁的内皮细胞间连接紧密，形成一道坚固的屏障，俗称"血脑屏障"，只允许一些小分子通过，如水、氧气、葡萄糖等，并且血脑屏障可以阻止或延缓大部分细菌等进入脑组织。所以，正常情况下，大脑里一般没有致病细菌存在。

　　但血脑屏障也不是万能的。有些人的鼻腔和咽喉中会携带

脑膜炎奈瑟菌和肺炎链球菌，这些病菌平常不会对人体造成危害。但在某些情况下，它们会进入血液，形成败血症，并最终突破血脑屏障进入脑膜或脊髓膜，引起细菌性脑膜炎。这种病常发生在抵抗力较差的婴幼儿身上，一旦感染中枢神经系统，死亡率就很高。

小贴士

不用过于担心，近年来细菌性脑膜炎的病例已经很少，而且也有疫苗可以预防，大大减少了患病概率。

洗手能把细菌都洗掉吗

手是我们身体最灵活的部位，每天我们都会用手做各种各样的事情，比如用手开门、用手翻书、用手敲键盘打字等。因此，手就不可避免地会接触到各种各样的细菌。有研究称，一双没洗过的手上有多达80万个细菌。而美国科罗拉多大学的研究人员对51名在校大学生的双手检查后，共发现了4000多种细菌，其中数量最多的五种分别是葡萄球菌、痤疮杆菌、链球菌、棒状杆菌和乳酸杆菌。因此，为了避免细菌感染，洗手是一件十分重要的事情。那该如何洗手才能减少手上的细菌呢？

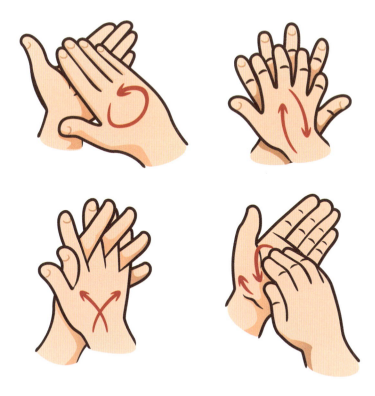

▲　正确的洗手姿势

　　首先，要用流动的水清洗，而且时间最好要 1 ～ 2 分钟。其次，洗手时最好使用香皂或者洗手液，含有杀菌成分的清洁用品能够帮助我们洗掉更多细菌。最后，擦手时使用干净的纸巾或者毛巾，避免用脏的抹布或毛巾将刚洗完的手二次污染。做到这些就能够将手上的大部分细菌清洗掉。虽然不能将所有细菌都完全洗掉，但这么做也足以大大降低我们被病菌感染的危险。另外，最重要的一点，就是要在接触完可能带来细菌的物品后，马上洗手。不要小看"饭前便后要洗手"，这可是养成良好卫生习惯的第一步，也是健康生活的最基本保证。

　　如此简单的方法就能减少患病的概率，我们何乐而不为呢？

屁是如何产生的

　　屁是我们身体产生的废气，我们每天都会将这种气体排出体外，俗称"放屁"。屁的主要成分是氮气、氢气、二氧化碳、甲烷等没有气味的气体，另外还有微量的氨气、硫化氢、吲哚、粪臭素等有臭味的气体。这些有臭味的气体虽然很少，但足以让人闻到臭味。氮气、氢气这两种气体是空气的主要成分，只是在我们吃东西时顺便被吸进了胃里，最终转变成屁的一部分。可那部分臭味气体来自于哪里呢？

▼　人体肠道内的细菌

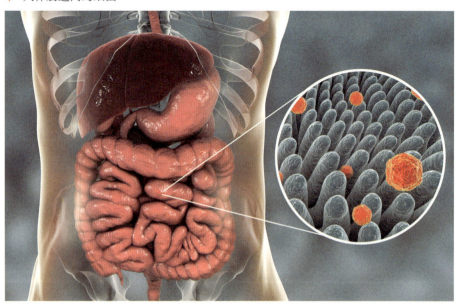

这都要归功于我们体内的细菌。我们知道，在肠道中居住着成百上千种细菌，这些细菌能帮我们消化食物。在吃过东西后，食物会在胃酸的作用下分解，然后到达我们的肠道，大肠杆菌等数以百万亿的细菌会帮助分解这些食物，使其能够被肠道吸收。而在这一分解过程中细菌也会产生一些气体，即屁中臭味的来源。被吸进肠道内的空气混合着臭味气体，在肠道蠕动的作用下，最终通过肛门排出体外。据统计，正常人每天从肛门排出的气体在 1 升左右，每天放屁 20 次以下都算正常。所以，几天不放屁可能代表胃肠道出了问题，而每天放屁则是身体健康的一种体现。

食物是屁的源头，所以不同种类的食物会产生"不同"的屁，例如肉类和油炸食品吃得多就容易放臭屁。因此，如果不想放臭屁而引起尴尬的话，我们可以吃得清淡一些。

"水土不服"与细菌有关吗

你有没有过这样的体验：当外出旅行初到一个地方时，本来想要好好品尝一下当地的美食，但往往还没吃几天就会腹痛呕吐或是腹泻，这种情况就是我们常说的"水土不服"。为什么会有这种情况发生呢？

我们每个人身上都生活着许许多多的菌群，这些菌群维持着我们新陈代谢的平衡。当我们来到一个新的环境时，由于当地生

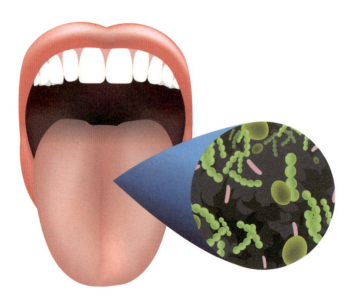

▲ 病从口入

活的细菌与我们原来环境中的有所不同，因而吃的东西上或者饮用水中也会有这些陌生的细菌存在。当我们敞开胃口，大吃特吃的时候，这些细菌自然会一起被我们吃进去，如果它们停留在我们的肠道内，就有可能打破那里的平衡，使菌群重新分布，因而让我们上吐下泻，这种改变被称为"菌群失调"。通常，这些令我们大倒胃口的当地细菌并非是高致病菌，只是我们身体缺乏对这些当地普通细菌的免疫力。

那么，该如何减少或避免水土不服的情况发生呢？我们需要做的就是在饮食方面稍加控制，让我们的身体与当地的细菌缓慢接触并适应。比如尽量吃加热过的食物，吃水果时要仔细清洗干净，不要喝当地的生水，等等。经过几天之后，就可以尽情享用美味佳肴，不用担心会水土不服了。

微生物分泌的抗生素为什么不会杀死自己

　　天然的抗生素是由微生物产生的，这里的微生物包括细菌、真菌、放线菌，其产生的抗生素能够抑制其他细菌。可是你有没有疑惑过，为什么这些微生物只会杀死其他细菌，而不会杀死自己呢？

　　如果你也有这个疑问的话，那说明你已经有了一定的科学思维，因为科学家也对这个问题很感兴趣，并针对这个问题做过很多研究。研究表明，这种现象可能由多种机制引起。部分科学家认为，有些能分泌抗生素的细菌，除了有能分泌抗生素的基因外，还有相应的抗性基因，细菌在分泌抗生素之前会先启动这种抗性基因，而在停止分泌抗生素后又会把抗性基因关闭，这一开一关，就保证了细菌自身的安全；还有一种观点认为，抗生素在细菌内部还没分泌出去的时候，细菌会对这些抗生素进行修饰，这种修饰就像是给抗生素加上了紧箍，使它在细胞内不能为所欲为，失去杀伤力，等到排出去后细菌会去掉抗生素的紧箍，恢复它的威力；除了以上两种外，还有的细菌会对自己分泌抗生素作用的靶子做标记，就像古时候作战打仗时每个国家独有的旌旗一样，这样的标记可以避免伤到自己人。

　　有了以上这些方式，细菌就能无所顾忌地释放抗生素对付敌人了。

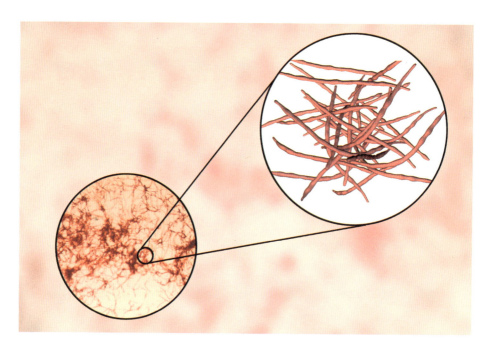

▲ 放线菌

▼ 孢疹病毒及其抗体

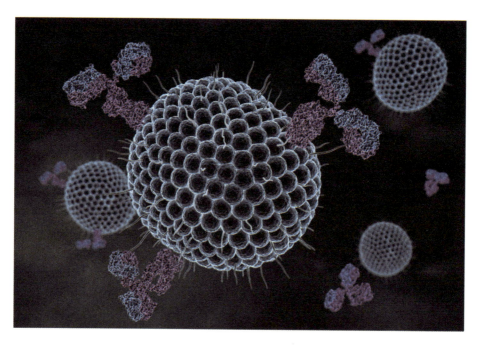

我们小时候接种的疫苗有什么用

　　我们可能不记得，在我们刚出生几个月的时候，就已经开始注射疫苗了。疫苗可以保护我们免受很多细菌的伤害。很多难以医治的疾病，如结核病、白喉、破伤风等，都可以用一剂疫苗轻松地将其与我们隔绝。那么，疫苗是如何做到这一点的呢？

　　我们每个人的身体内都有一套抵抗外来物质的机制，叫作特异性免疫。当一些不属于我们身体的外来客进入血液后，血液里的吞噬细胞就像是经常在小区里遛弯儿的大妈一样，会上前对其进行询问盘查。如果发现不是自己小区里的人，就会通知小区的"片儿警"——T淋巴细胞，由它来处理这个非法入侵者。对于一般小毛贼，T淋巴细胞会直接将它依法惩处。但若是入侵者太过

▼ 疫苗

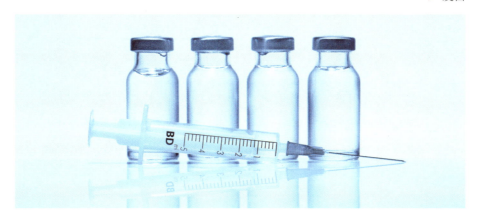

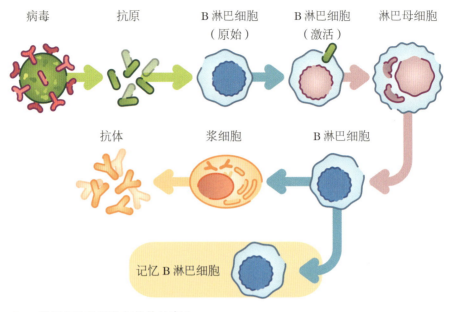

病毒　　　抗原　　　B 淋巴细胞　　B 淋巴细胞　　淋巴母细胞
　　　　　　　　　　　（原始）　　　（激活）

抗体　　　　　浆细胞　　　　　B 淋巴细胞

记忆 B 淋巴细胞

▲　B 淋巴细胞的活化与抗体的产生

强大，T 淋巴细胞就会把"特警大哥"B 淋巴细胞叫来，B 淋巴细胞针对不同的入侵者会制订独特的作战方案，将其解决。T 淋巴细胞与 B 淋巴细胞都有着超强的记忆力，能将这个坏人记住几年甚至几十年之久。如果有同样类型的坏人再次入侵，它们会马上认出这些坏人，并迅速做出强有力的反击，将其拿下。

小贴士

　　疫苗中含有的微量病菌就像是第一次进入我们血液的小毛贼，对人体不能造成伤害，但足以让我们的 T 淋巴细胞和 B 淋巴细胞记住这种细菌的"样貌"。若以后不小心感染这种病菌，特异性免疫就会发挥功能，保护我们不受伤害。

炭疽杆菌为什么危害很大

在 2001 年美国发生"9·11"事件一周后，美国多个地区陆续收到含有炭疽杆菌的匿名信件，导致 17 人感染和 5 人死亡。这被认为是继"9·11"事件之后的又一轮恐怖袭击。那么为什么炭疽杆菌可以被用来进行恐怖袭击呢?

炭疽杆菌形似竹节，喜欢氧气，可以从伤口、胃肠道、呼吸道进入人体，然后会分别造成皮肤炭疽、肠炭疽和肺炭疽等。之所以危害很大，主要有两点原因：一是因为炭疽杆菌毒性强，它在进入人体后可以释放保护细菌荚膜的成分，这可以抵抗免疫细胞的吞噬，使炭疽杆菌得以在体内繁殖扩散。此外，炭疽

▼ 炭疽杆菌

113

杆菌还能释放另外两种毒素，包括可以使组织水肿与坏死的水肿因子和可以让感染者全身出现败血症症状甚至死亡的致死因子。二是因为炭疽杆菌有极强的生命力。这种细菌很容易被杀死，但是在氧气充足、温度适宜的环境中很容易生成芽孢。一旦生成芽孢，除非遇到极端条件，一般可以存活数十年之久。因此，信件里的炭疽芽孢能保持生命力，并在与人类接触后发芽繁殖，感染人体。

小贴士

虽然炭疽杆菌毒性很强，但如果及时发现并进行治疗，也是有可能治愈的。最早发现的青霉素类抗生素就对炭疽有很好的疗效。

细菌和病毒是一回事吗

很多人对"细菌"和"病毒"的概念不太了解，不清楚它们有何差异，甚至还有人认为二者就是同一种生物。然而，对生物学稍有了解的人就会知道，病毒和细菌完全是两种不同的生物。由它们引起的疾病也需要不同的方式进行治疗，因此，了解一下这两类小东西对我们会有很大帮助。

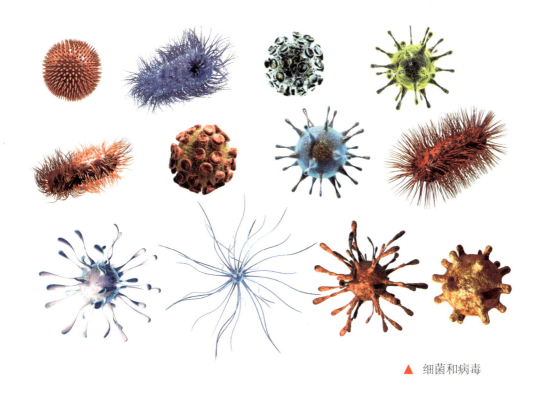

▲　细菌和病毒

病毒可以说是这个地球上最古老的生命之一。与细菌相比，病毒的结构更为简单，通常只由一个蛋白质外壳和里面的DNA组成，就连基本的细胞结构都没有，这也决定了它们必须寄生在其他生物体内才能生存。病毒体积非常小，其直径一般只有几十纳米，也就是说一个细菌的体积通常是病毒的几百倍。虽然个子小，但是病毒的威力可一点也不比细菌差。像艾滋病、丙肝、天花、脊髓灰质炎等很多疾病都是由这些小家伙引起的。由细菌引起的感染，人类已经找到了很有效的治疗方法，那就是使用抗生素，比如青霉素、链霉素等都可以治疗很多细菌性疾病。但是病毒与细菌差异很大，抗生素并不能对其造成伤害。而且由于病毒

结构太简单，一直躲在细胞里，很难被清理。因此，由病毒感染而造成的疾病相对难治疗得多。例如2003年在中国大范围流行的非典型肺炎，就是由SARS冠状病毒引起的。因此，科学家也一直在研究如何对付这些令人头疼的病毒。

太空里有没有细菌

在地球上，细菌几乎无处不在。像大多数生物一样，细菌生存也需要水、有机物等外界物质。我们都知道，太空中没有空气，是个十分极端的环境，并不利于生命的存活。但是，对于太空中有没有细菌仍然不能准确答复。

目前，一种较为流行的理论认为，宇宙中其实充满了各种微生物，地球的生命最初可能也起源于太空，那些生命力极强的微生物随陨石一起坠落到地球上，给地球带来了生命。支持这个理论的事实是，一些细菌被人们送入太空后仍然可以继续存活。另外在地球上的极端环境中，如南极冰层、火山口、核反应堆等地也发现了细菌的存在，说明生命在太空这种极端环境中生存是可能的。

科学家们发现彗星中富含有机质，这为太空中充满细菌提供了旁证。此外天文学家也似乎找到了一些类似地球的行星，有可能在那里找到细菌。

美国科学家将地球和陨星中的氨基酸分子特征进行比对，他们发现陨星坠落之地的氨基酸分子特征与地球完全一致。除了地球，陨星还可以坠落到其他地方，如果陨星落到了与地球相似的环境中，那么陨星中的生命就可以继续生存下去。此外彗星是一个由冰、尘埃、岩石组成的集合体，包括了氮、氧及其他有机物。当受到外界的热量影响时，彗星内部的冰雪会融化成水，这些水的存在为细菌的生存创造了条件。

但是以上的理论还缺乏确凿的证据支持，所以目前还没有人知道太空中到底有没有细菌。

能不能把身体里的细菌都杀死呢

无论是致力于发现新的有效抗生素，还是努力研究生产杀灭细菌的化学用品，人们对于杀灭细菌真的是不遗余力，可能是因为我们人类太害怕细菌了。细菌造成的感染轻则使人们头痛、发热、腹泻，重则取人性命。既然细菌对人体危害那么大，那能不能把身体里的细菌都杀死呢？

要回答这个问题，首先要了解一下我们人类体内的细菌。实际上人体中有很多很多的细菌，多到远远超出你的想象。人体中细菌的数量是人体细胞的 9 倍，总重量约 2 千克。科学家们发现细菌在口腔中有 80 多种，在皮肤上存活的有 250 种以上。据统计，在每平方厘米的皮肤上就生活着 1000 万个细菌，肠道内每平方厘米就有 100 亿个细菌，清洁后的口腔中每颗牙齿表面也有

1000～100000 万个细菌。所以如此庞大数量的细菌是很难全部杀死的。

即使能杀死人体中的全部细菌，我们也不可以这样做。因为这些细菌很多是人体中的正常细菌，它们可以跟人类和平共处，而且有些细菌是有益菌群，对于维持人类体内环境的稳定起着重要的作用。例如，存在于肠道的乳酸菌，可以帮助人类消化食物，产生有益的物质。再比如，人类消化道中的大肠杆菌能够给人类提供充足的维生素 B_{12}、维生素 K 和多种氨基酸，这些细菌能帮助人类保障肠道的正常功能。如果杀死这部分细菌，将会损害人体的功能。由此可见，我们是不能将体内的所有细菌都杀死的。

真菌是细菌的表亲吗

真菌和细菌都带着一个"菌"字，许多人都认为它们很像，就像表兄弟一样。但是实际上，真菌和细菌是不同的，是两类生物。它们有着许多不同的地方，如繁殖方式。

细菌的遗传物质结构比较简单，仅有核酸链形成的拟核，主要以二分裂的方式进行无性繁殖。相比之下，真菌的遗传物质外面包裹了核膜，它们被总称为细胞核。真菌既可以进行无性生殖又可以进行有性生殖。

真菌的无性生殖，是由亲代的真菌菌体，直接产生下一代真

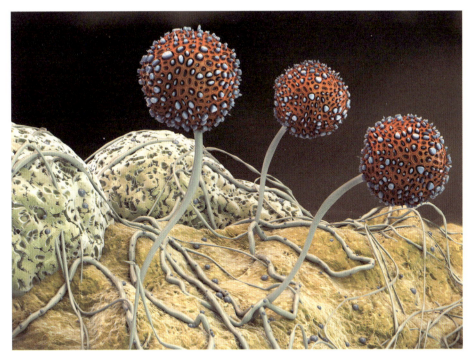

▲ 真菌

菌。真菌一般呈可以分支的菌丝。菌丝直接分化产生无性孢子。真菌还可以进行有性生殖，但是真菌不像动物分为雌、雄个体，它们只是根据遗传物质内的一些差别而分为正、负性别。真菌往往长到一定时期后就会进行有性生殖。当正、负两性的细胞结合在一起，它们的细胞质和细胞核会合并到一个细胞中，接着两个细胞核也融合在一起成为一个细胞核。这个细胞核紧接着连续分裂两次形成 4 个细胞核，然后细胞质也分裂，最后形成了 4 个有性孢子。

由此可见，仅在繁殖方式这一方面真菌和细菌就有着非常大的区别，所以即使名字相似，但它们并不是"表兄弟"。

第五章

关于生命的前世今生

　　不论是蔚蓝的大海、苍翠的森林还是白茫茫的两极，地球上的每个角落都因为生命的存在而显得更加迷人。

　　对于一个星球来说，生命无疑是十分珍贵的"奢侈品"，迄今为止，人类都还没有找到第二颗存在生命迹象的星球。地球上的生命对于我们来说既熟悉又充满神秘，我们熟悉身边存在着形形色色的生命，但我们却很少静下来观察它们，也很少思考它们存在的意义和它们延续的方式。生命从何而来，生命为什么会延续？

　　我们将从生命的定义开始，探究生命的诞生、生命的消逝，一步步地揭开生命存在和生命延续的秘密。

为什么每个人都会衰老

在我们身边，年龄比较大的人通常被叫作"老年人"。比如我们的外公外婆和爷爷奶奶。我们经常可以看到他们脸上的皱纹和佝偻的背部，为什么老人会有这些特征呢？

随着年龄的增加，每个人的身体都会逐渐发生变化，这是因为身体内部在时间的流逝中不断地进行氧化。我们每个人的生命都是有限的，科学家研究表明，我们人类的寿命极限在 150 年左右，人之所以会衰老甚至最后死亡，都是因为我们的器官在逐渐老化，这也是自然规律。

▼ 成长与衰老

▲▼ 衰老最明显的部位是皮肤

　　如果我们每个人都不会衰老，我们的地球就会拥挤不堪，我们的资源也会越来越匮乏。而我们生存的时间也不是白白流逝的，在成长的过程中，每个人都会经历很多事情，在生活中逐渐积累，为后代传递更多的经验。所以，变老没有那么可怕，我们每个人都会变成老人。我们要认真过好每一天，在有限的时间里积累更多的生活经验，为人类社会贡献更多的智慧。

为什么每个人都要面临死亡

我们可能见到过身边的人去世，为什么人会死亡，有没有人可以逃脱死亡呢？

我们的世界是一个整体，为了让这个整体更好地运转，这个世界有很多必须遵守的规律，死亡也是其中的一条规律，每个人都会面临死亡。我们都知道，地球只是宇宙中的一颗小小的行星，地球的资源都是有限的，有的资源用完了，就永远不会再有了，比如水、石油等都是很难再生的资源。同样，人体的各项机能也会退化，所以人类也不可能无限期生存，而死亡正是调节整个人类数量的重要方法。

▼ 墓地是人类最后的去处

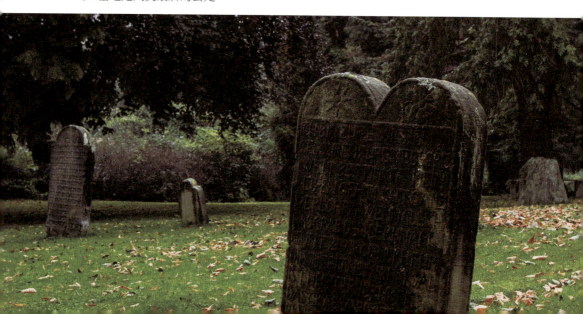

从整个地球来看，有人死亡，同时也有人出生，所以世界的人口数量保持在一个相对稳定的数值，平稳地发展。另外，我们身体自身的原因也不允许我们永久地生活下去，因为我们的器官都会老化，时间长了，器官都会逐渐失去功能，最终，每个人都会走向死亡。

我们常常听人说"死亡并不可怕"，因为对于生活经历丰富的人、年龄很大的人来说，死亡是一项程序，他们可以坦然地面对死亡。但是对于我们小朋友来说，生命中还有很多没有看到的精彩、很多没有体会的经验，所以每个小朋友都要珍惜自己的生命，开心地过好每一天。

其他的星球上也有生命吗

系列电影《星际迷航》是科幻电影史上最受欢迎的作品之一，自1966年至今，这部充满想象力的电影已经风靡了半个多世纪。电影中，人类的科技高度发达，科学家和探险家们不断探索着银河系中其他存在生命的星球，天马行空的想象力和形形色色的外星人让观众叹为观止。《星际迷航》的风靡反映了人类对未知宇宙的好奇和对外星生命的无限遐想，那么其他的星球上有可能有生命存在吗？

我们都知道，生命的生长繁殖离不开适宜的大气条件和充足的水源，如果在某个星球上存在生命，那这颗星球就一定满足这个条件。1961 年 11 月，11 位权威科学家经过讨论得出了著名的宇宙绿岸公式，根据公式计算，仅仅在我们生活的银河系中，就有超过五千万个存在生命的星球，这些星球也像我们一样，期待着来自其他星球的生命信号。看到这里我们一定会产生疑问，既然有这么多的外星生命存在，那么为什么我们从来没见过"外星人"呢？那是因为，我们的宇宙实在是太大了。举例来说，我们每天都能看到的北斗七星，实际上距离地球约 100 光年，也就是说，即使用速度接近光速的飞船一刻不停地飞行，也要用 100 年的时间才能到达，而目前被认为最有可能存在生命的 M13 星团离我们更是有 2.5 万光年之遥，可以想象，不管是我们还是"外星人"，都很难跨越如此远的距离限制。

值得欣喜的是，发射于 1977 年的"旅行者 1 号"飞船，已经成功飞出太阳系，进入了星际空间。这艘携带着"地球名

▼ M13 星团

片"的航天飞船，会在星空中继续向宇宙最深处发送来自地球的问候。

地球上有多少种生物

　　动物学家们曾在巴西的热带雨林里做过这样一个实验，他们先用喷雾麻醉了一定范围内的所有昆虫，再利用事先布置好的纱网收集了这些昆虫。经过分析，科学家们发现这其中有超过 10% 的昆虫是从未被发现过的新物种。这个实验说明，随着人类探索脚步的推进，新物种的发现会层出不穷，而根据国际物种勘测协会在 2008 年的一次报道，仅仅在 2006 年，新发现的动植物种数就达到了 16969 种。由此可见，地球上的生命种类十分繁多，要统计所有生命的种类绝非易事。

　　想要系统地了解地球上生命的种类，我们首先要了解生物的分类方法。现代的生物分类法，起源于瑞典生物学家林奈的巨著《自然系统》。在此书中，林奈根据生物的形态结构和生理功能对其分类。后来，人们根据达尔文的《物种起源》，将物种的进化关系与林奈的分类系统整合，逐渐形成了沿用至今的系统分类学。

　　系统分类学用界、门、纲、目、科、属、种对生物加以分类，从最上层的"界"到最精确的"种"，越往下层则被归属的生物之间特征越相近。以我们自身为例，人类在动物界属于脊索动物门、哺乳纲、灵长目、人科、人属、智人种。黑猩猩与人类

◀ 达尔文

◀ 林奈

的亲缘关系最为密切，属于脊索动物门、哺乳纲、灵长目、人科、黑猩猩属、黑猩猩种。

在分类学的最上层，生物被分为原核生物界、原生生物界、真菌界、植物界以及动物界这 5 个界。这 5 个界又分别被划分为更多的门、纲、目、科、属和种。随着一级级的递进，生物从最开始的 5 个界，逐渐被细分为超过 180 万个种。可以说，系统分类学就像一棵参天大树，将这个世界上所有的生命都有序地排放到了自己的枝叶上。

生命是怎样延续的

鲑鱼会为了产卵从大海洄游到大河，然后精疲力竭而死，一些雄性昆虫在交尾后会主动献出自己的生命，为雌性提供生产所需的营养，而一种生活在法属圭亚那的雌性蚓螈，甚至会用自己的身体喂养刚出生的孩子。对于许多动物或植物来说，繁殖下一代的重要性甚至超过了它们自己的生命。

生命都会经历生老病死的过程，对寿命有限的生物来说，唯有繁衍后代才能使整个种群得以生存。所以，生物繁衍后代的过程，就是它们生命的延续。许多生命与我们人类一起生活在地球上，如果没有我们和它们的前辈一代代的繁衍生息，地球也不会像现在这样生机勃勃。生命并非一成不变，它们会在一代代的新老更替中不断前进，延续种群的希望。

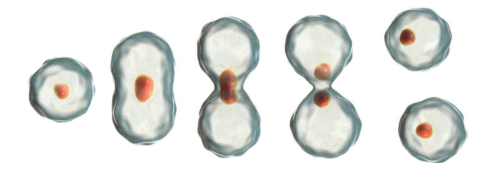

▲ 无性生殖

▼ 有性生殖

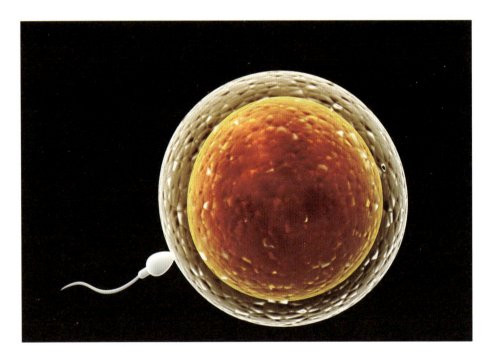

　　繁衍生殖是生命延续的方式，而生物生殖的方式可以被简单地分为无性生殖和有性生殖两种。无性生殖不涉及性别，没有配子的参与，这种生殖方式在原核生物和植物中较为常见。有性生殖的方式常见于多数的植物和绝大多数的动物，这种生殖方式需要雌雄两性的生殖细胞相结合。

小贴士

　　有趣的是，虽然绝大多数生物不是无性生殖就是有性生殖，但竟还有一些生物可以同时运用这两种生殖方式繁衍后代，这真可谓是大自然的奇妙之处啊！

生物为什么会死亡

　　生活在这个世界上的生命，总是逃不过死亡的结局。自古以来，如何延长人类的寿命是一个永恒的话题，可惜，无论人们如何努力，最终都无法摆脱死亡的命运。那么，生命为什么会死亡呢？

　　大多数生物体都是由细胞组成的，而对每一个细胞来说，都有一套调节生长的机制，这种机制控制着细胞的分裂、生长和死亡。对大多数细胞来说，死亡的命运是一定的，因为细胞会不断分裂产生新的细胞，完成自我更新，而那些衰老的细胞就会被基

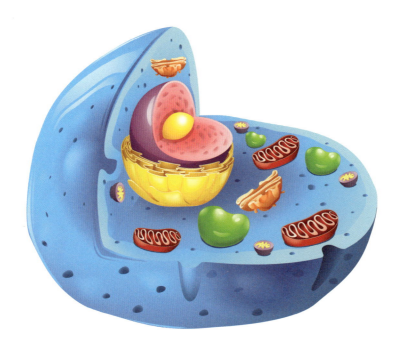

▲ 细胞的内部结构

因控制，主动走向死亡。

　　这个新老更替的道理，在生物种群中也同样存在。对于一个生物种群来说，用新生个体代替衰老个体可以保证整个种群的健康发展。但是，如果生物在不断繁殖的同时逃避了死亡的机制，那么生物的数量就会不断增多，直到用尽了自然资源，而到了那时，这个生物种群乃至生物圈的所有生物都会面临灭顶之灾。由此可见，生物的死亡是保持自然秩序的必要程序。

　　我们生活的地球并不能给生命提供一个完美的生存环境，相反，环境中的各种不利因素会在生物个体中不断地积累，这些不利的因素也会导致生物体的死亡。

龟为什么比人类长寿

　　龟是动物世界里不折不扣的长寿明星。曾经有一位韩国渔民抓住过一只背上布满苔藓的海龟，这只重 90 千克，身长 1.5 米的海龟经过科学家的估算，已经大约 700 岁了。那么，龟为什么会如此长寿呢？

　　曾经比较流行的说法是，龟行动迟缓，新陈代谢极慢，这样慢节奏的生活让它们的生命过程也随之按下了"慢放"键。不过，这个说法似乎和我们倡导的"生命在于运动"的理念背道而

▼　海龟

驰，有些人还也以此为借口拒绝进行体育锻炼。然而，事实真的是这样吗？

细胞生物学的研究表明，动物身体的细胞里有一种调节细胞分裂的"时钟"，它限制了细胞繁殖的代数及其生存的年限。人类的细胞，在体外培养到 50 代时，就再难以往下延续了，而龟可以达到 110 代，这说明，龟细胞繁殖代数的多少，同龟的寿命长短有密切的关系。

其实，如果仔细查阅资料，我们会发现，并不是所有的龟都是长寿的。比如有些常见的小型龟的寿命一般就只有十几年，而那些相对大型的龟往往都能活到百岁以上，所以决定龟类寿命长短的最大因素，其实是它们不同的遗传基因。

小贴士

有趣的是，那些寿命长、体形大的海龟的后代，常常会因为各种环境中的危险而早早夭折，而其他的龟类虽然寿命不长，但后代的成活率往往较高，新老更替也更快。这样一来，不管是长寿的龟还是短寿的龟，都能在自然界中保持一个相对稳定的数量。

生物为什么会灭绝

看过动画电影《冰河世纪》的观众应该对其中的三位主角印象深刻。而细心的朋友们可能会发现，电影中的猛犸象、剑齿虎和地懒与我们今天见到的大象、老虎和树懒并不是同样的动物。其实，这些在冰川时代大量存在的物种早已灭绝，今天的人们只能靠化石来想象它们活着时的样貌。那么，这些曾经活跃在地球上的动物，为什么没有存活到今天呢？

在人类出现之前，地球上的生物面临的最大威胁来自大自

◀ 已经灭绝的渡渡鸟

然。比如，6500 万年前，小行星对地球的撞击让地球上的恐龙和古生植物几乎灭绝殆尽。而曾经四次出现的冰河时期，每次到来都会改变全球气候带分布，导致大量喜暖性动植物灭绝。除了自然环境巨变带来的灾害，有些生物的灭绝是顺应了生物演化的趋势。比如，当一些动物进化出了甲壳的结构时，那些没有甲壳保护的软体动物就很快变成了食肉动物的最佳捕食对象，从而迅速走向灭绝。

不管是自然环境的巨变还是动物种群的演化，它们带来的物种灭绝都是大自然的选择，是缓慢且有规律的。但是，随着人类社会的出现和发展，人类的活动已经成为了现代物种灭绝的主要原因。人类在发展自身生存空间的同时，常常会对其他动植物的栖息地造成破坏，而大量废水废气的排放会直接影响低等生物的生存，并间接影响到食物链中更高等级的生物的生长繁殖。此外，大量的动物被送上人类的餐桌，如曾经生活在毛里求斯的渡渡鸟，在被人类发现后仅仅 82 年的时间就彻底灭绝了。

最小的生物是什么

我们通过眼睛可以看到各种各样的生物。它们的个头儿有着天壤之别，比如巨大的蓝鲸对比于微小的蚂蚁，成吨重的河马对比于可以漂在水面的水蝇。16 世纪显微镜的发明，让人们观察到了肉眼无法看到的微小生命，我们熟悉的细菌就属于这种微小的生命，通常被称为"微生物"。

但是微小的细菌并不是最小的生命，病毒就远远小于细菌。1892 年，俄国科学家伊万诺夫斯基发现了病毒，它们实在太小了，根本无法用普通显微镜观察到，必须依靠可以放大几万倍或几十万倍的显微镜。开始人们认为病毒不是生物，因为它们的结构非常简单，仅有一个核酸的核心和蛋白质的外壳，并且不能像其他微生物一样在培养基中生长，必须依赖细胞生长。但是最后病毒还是被归为生物。

随着科学的发展，科学家们竟然发现了比病毒更小的生物。20 世纪 70 年代初，美国植物病理学家迪纳和他的同事们在研究马铃薯纺锤块茎病时，发现致病元凶是一种类似病毒，但比病毒更小、更简单的生命物质。这种物质被命名为"类病毒"。类病毒没有蛋白质，只有核酸，目前被认为是最小的生物。

从看到肉眼无法看见的细菌，到发现比细菌更微小的病毒，再到发现目前最小的生命类病毒，人们对微观世界的认识在逐渐深入。随着科技的发展，也许在将来，人们会发现比类病毒更小的生命体。

第六章

动植物生命的延续

　　大自然的魅力不仅在于拥有高耸连绵的山脉或是川流不息的江河，更是因为孕育了丰富多彩的生命。正是因为有形态各异的生命，才将地球装点得生机勃勃。这其中功不可没的就有随处可见的植物。

　　长在悬崖峭壁的兰草，漂浮于水面的浮萍，或是扎根在道路旁的树木，或是装点室内环境的盆栽，我们的生活早已融入了各色的植物。小到蒲公英，大到千年古树，无论哪一种植物都有其独特的生命历程。例如在微风和煦的春天抽枝发芽，在骄阳似火的夏天茁壮成长，在天高云淡的秋天硕果累累，在冰雪世界的冬天休养生息。

　　形形色色的动物也十分有趣。动物是进化中出现最晚的一批生物，它们的出现标志着生物进入了一个全新的时代，自从出现了动物，地球开始变得热闹非凡，有趣的现象充满了大自然的各个角落。

　　动物的生命长短不一，想要延续种系，动物就必须繁衍后代。在繁衍后代的过程中，各种各样的动物会给我们带来很多震撼和惊喜，这其中有昆虫羽化的神秘莫测，有鱼类洄游的万里兼程，有鸟类"征婚"的绚丽多姿，也有哺乳动物抚育后代的含辛茹苦。对于动物来说，繁衍后代的重要性不亚于保护自己的生命，在这个变化多样而又危机四伏的过程里，动物们创造了许许多多有趣的繁衍方式，等待着我们进一步发现和探索。

为什么植物会开花

　　人们总是喜欢欣赏美好的事物，而花朵就是赏心悦目的一种。随着气候的变化，四季的更迭，花朵总是以其独特的艳丽风姿装点着我们美丽的地球。当春天的气息迎面扑来时，迎春花在春光中微笑；在寒冷的冬天大雪铺满地面时，梅花峭立其中。那么植物为什么会开花呢？

　　人们看到的花其实是植物的器官之一，就像植物的叶子、茎是植物提供营养的器官一样，花作为植物的特殊器官，其功能是繁衍后代，就是通过结合雄性精细胞与雌性卵细胞以产生种子。正如我们常常说的"开花结果"一样，开花往往就意味着结果，象征着植物生命的延续。通过开花来繁衍后代是植物特有的繁衍方式，但也并不是所有的植物都会开花，都要通过开花来结果。比如，我们常常看到的苔藓就是通过孢子的释放来生长出新的植物。

　　除此之外，植物开的花分为两性花、单性花和无性花。两性花就是花中既有雌蕊又有雄蕊，基本不用借助外界的力量就可以孕育果实；单性花就只有雄蕊或者雌蕊，需要借助风力、昆虫的授粉等途径才能最后形成果实；最特殊的要数无性花，它自身并没有繁殖的能力，但是却可以吸引昆虫来帮助传粉。

　　我们常常看到的蜜蜂采蜜，蝴蝶在花间起舞，其实它们都是在帮助植物授粉，这样能够多结果实。

▲ 无性花——绣球花
◀ 两性花——百合花
▼ 单性花——南瓜花

为什么植物的种子都很有营养

　　说起干果，那是男女老少都喜爱的食物，它们通常有一个共同点，即都是植物的种子。比如，备受大家喜爱的瓜子、松子、杏仁等无一不是植物的种子，而普遍可见的种子如谷类、玉米等更是我们不可或缺的食物。人类之所以这么钟情于种子作为食物，不仅因其独有的美味，更是因为种子往往具有较高的营养价值。

　　种子是植物营养的储存库，主要包括碳水化合物、蛋白质和油脂。此外，还有数量较少的各种维生素、矿物质、酶类和色素等。淀粉是种子中最常见的营养元素，谷类中的淀粉含量很高；而蛋白质含量最多的是豆类种子，其中，大豆的蛋白质含量可高达40％；油脂含量最高的则是油料作物的种子，如可以用来榨油的花生等。

　　种子储备营养，主要是为了植物的生长发育。在种子的发育过程中，植物体内的养分便不断地向种子运输，当种子成熟时，这些养分便在种子内部储藏起来。成熟的种子脱离植物体后，就处于一种休眠的状态。当外界环境条件适宜时，种子就可以生长发育成为新的植物体。在种子的生长发育过程中，所需的营养都由之前所储存的营养提供，于是当一粒小小的种子变成一株幼苗时，储藏的营养物质往往也被消耗一空。

　　可以相信，如果种子中没有丰富的养料，种子就无法萌发生长，如果营养成分不够会导致植物在发育的过程中枯竭死亡。所以，种子往往都富含营养。

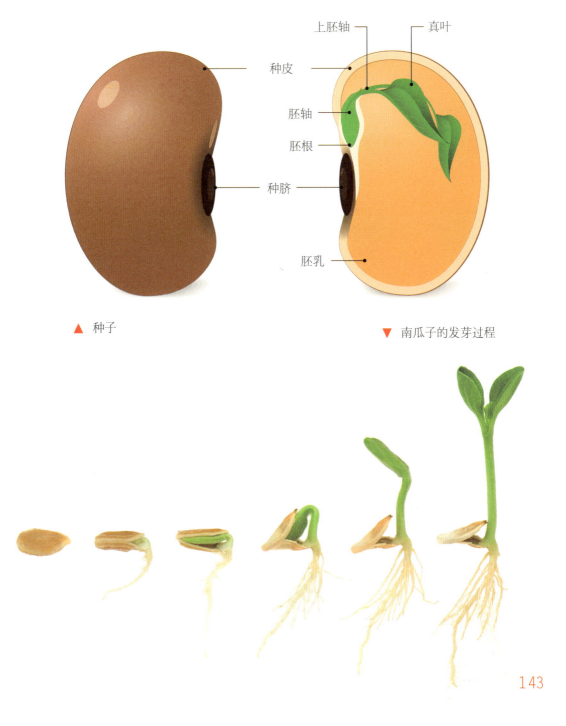

▲　种子

上胚轴　真叶
种皮
胚轴
胚根
种脐
胚乳

▼　南瓜子的发芽过程

▲▼ 种类多样的植物繁殖方法

植物没有了种子能繁衍吗

　　种子的力量是令人赞叹的，无论在泥土里、岩石下或是在人来人往的路边，它们总能拼尽全力茁壮成长为欣欣向荣的植物。但是，并不是所有的种子最后都能长成植株并且开花结果。由于环境恶劣等因素，最后能够茁壮成长的种子都是其中的佼佼者。随着人类社会的发展，对于植物的需求量也大大地增加，我们日常生活中的农作物、蔬菜水果、盆景花卉无一不是植物。这样一来，通过种子培育植物的数量远不能满足市场需求，这时候无性繁殖就应运而生了。

　　植物的无性繁殖是一种不经过亲代遗传物质的结合，直接用母体的一部分产生新个体的繁殖方法。常用的无性繁殖方法包括扦插、嫁接、压条、分株等。我们常见的土豆就是植物的块茎，它的繁殖也是通过块茎来实现的。当土豆出芽后，就可以将土豆切块，保证每块上都有发出的芽，然后埋进土里。在适宜的温度和湿度下，这些被切块的土豆就会开始慢慢生长，最后长成成熟的土豆供人们食用。

　　除了蔬菜，我们常见的水果，如苹果、梨等往往采用嫁接的方式培育果实。通过嫁接的方法，不仅可以提高产量，也可以有目的性地改善植物的品种。而杨树、柳树等植物，则采用扦插的方式培育，以提高繁殖成功率。

植物有哪些有趣的传播种子的方式

　　早春到初夏，我们总能看到蒲公英在空中随风飘扬，每一个蒲公英都像一个降落伞。其实，"会飞"的植物并不止蒲公英一种。"凭莺为向杨花道，绊惹春风莫放归"就是描写飞扬的柳絮的，与蒲公英不同的是，柳絮总是大片大片地连在一起，尤其是成群地飘落时，总是给人以梦幻般的美感。其实这只是植物传播种子的方式之一。

　　说到有趣的传播方式，必不可少的一定要提到一种叫作酢浆草的植物。酢浆草是一种绿色植物，一般有三片心形的叶子，会开紫色或者黄色的小花。说它传播种子的方式有趣，是因为酢浆草不靠风不靠动物，就靠自己的力量在适宜的条件下将成熟的种子用力弹出，抛射至远处，从而实现种子的传播。所以下次看到酢浆草时，不妨仔细观察一下。

　　当然，植物传播种子主要还是要依靠外界因素得以实现，除了靠风力等自然因素，更多的植物是依赖于动物的帮助。大家是否有这样的经历，在野外、公园、森林等地方愉快地游玩了一整天后，回家发现自己衣服上、裤脚边总会挂上许多的小果实，这就是苍耳。它的种子顶端长着倒钩，可以钩住那些接触它的动物皮毛或人类的衣物，这样，在不知不觉中，我们也成了苍耳繁殖后代的帮手。

　　其实，小鸟也是很好的种子传播者，小鸟总是对各种种子感兴趣，一旦它们把种子吞进肚子里，然后经过粪便排出，种子就可以传播到其他地方去了。

▲ 苍耳　　　　　　　　　　　　　　　　　　▼ 蒲公英

蜜蜂传错了花粉会怎么样

在大自然里，植物的种类成千上万，各自的花朵更是五花八门。无论是什么季节、什么时间，总有鲜花在绽放。我们都知道，大多数植物的繁衍都是靠蜜蜂等昆虫授粉实现的，在百花盛开的季节里可就忙坏了传粉的蝴蝶、蜜蜂。不过，各色的花可都是簇拥在一起盛开的，难道忙碌的蜜蜂就不会认错花朵、传错花粉吗？

其实，蜜蜂们并没有这种担心，因为蜜蜂可不是为了帮助植

▼ 蜜蜂通过采蜜正在给植物授粉

物授粉才在花间飞舞的，所以它们对于可能出现的差错毫不关心。这样，借助于昆虫授粉的植物们就有了一个"规定"，就是不同种的植物间授粉一般都不会结果实。所以我们可以看到虽然植物的花种类繁多，但是不同种类的花各有其特点，并不会混杂在一起。

难道花粉会认识自己对应的花朵，所以才不会混淆吗？原来，每种花粉的外壁上都有自己独特的一类可以进行特异性识别的蛋白质，叫作"识别蛋白"。当然相应的雌蕊柱头上也有这种蛋白质。所以当花粉落到植物的柱头上时，花粉壁和柱头上的蛋白质就要互相识别一下，确定彼此的身份正确无误后，才能完成受精的过程，最后发育成种子。如果在确认的过程中，两种蛋白质并不能互相识别，发现是不对应的花粉和花朵，那么受精就会终止，也就没有果实的存在了。

植物依靠这种特定的"识别蛋白"，就能高枕无忧地看着蜜蜂们忙忙碌碌地给自己帮忙，而不担心粗心大意的蜜蜂会帮了倒忙。

香蕉的种子去哪儿了

香蕉因为具有助消化、易吸收及口感好的特点，赢得了许多人的喜爱。香蕉吃起来也十分方便，只要剥去黄黄的外皮就可以食用了，可不像苹果、梨之类的要去掉果核。那么，香蕉的种子去哪儿了？

149

▲ 香蕉

　　香蕉是一种绿色开花植物，它和其他的蔬菜水果一样，也是会开花结果的。不过，我们常常吃到的香蕉中可没有看到它的种子。其实严格来说，现在的香蕉也并不是完全没有种子的。不信你剥开一个香蕉，将它一分为二仔细观察，一定能看到香蕉里面有一排褐色的小点儿，这就是香蕉已经退化的种子了。

　　其实在最早的时候，香蕉的种子并没有这么迷你。早先的野生香蕉中种子又多又小，一粒粒很硬的种子密密地排列在果肉中，吃起来十分不便。于是，为了去除这些种子，人们就将香蕉培育成了三倍体类型。这种香蕉的细胞内有三组染色体，由于在减数分裂中染色体不能平均分配，导致这种香蕉的种子不能正常发育。经过长期的培育和选择，香蕉的种子慢慢退化。我们现在吃到的香蕉就是经过长期培育后形成的，所以它退化的种子才会被忽略。

由于香蕉种子的退化，所以人们在培育香蕉时，常常是通过香蕉的地下根茎来种植的。这样就不用担心因为种子的退化再也吃不到香蕉了。

为什么会有
"野火烧不尽，春风吹又生"的现象

"离离原上草，一岁一枯荣。野火烧不尽，春风吹又生。"这是唐代诗人白居易非常有名的一首诗，诗中极为生动形象地表现了野草顽强的生命力：哪怕是燎原之火，也无法阻挡野草再次萌发。

▼ 野草

明明被火烧干净的野草，为什么春天又会重新长出来呢？我们都知道，植物的生长需要适宜的条件，如充足的阳光、适合的水分、足够的空气、适宜的温度等。所以春天往往就是万物复苏、生机盎然的时候。小草的生命力往往都惊人地顽强，所以只要草根没死，不管是在秋冬季枯死的小草，或是被烧过的小草，到了来年春天一定会重新活过来。

其实到了秋季，草木中的水分很容易蒸发，使得草木到了秋天容易枯萎落叶。这时候，但凡有点儿星星之火就足够造成燎原之势了，这也是秋冬森林、草原易发火灾的原因之一。一般来说，火只能烧到草的表面，由于土壤里没有空气，火不能烧到植物的根茎，而被烧成灰烬的那部分却有化肥的功效。到了植物发芽生长的春天，埋藏在泥土里的根就可以通过吸收养分重新茁壮生长。

在自然界里，有不少植物在秋冬季都会出现自燃的现象，将地上干枯的部分燃尽，而地下的根茎部分则依然储藏营养，保存活力，等到来年冰雪融化后，就会在春风的吹拂下再次生长。

最早的动物是怎么来的

在我们生活的这个蓝色的星球上，有超过1000万种的生命在以不同的形式演绎着生命的精彩。奇妙的是，不管是海洋里缤纷的鱼类、陆地上狂野的走兽，还是天空中翱翔的飞禽，它们都

▲ 三叶虫化石

是由同一个祖先演化而来的。那么，地球上所有动物的祖先，又是怎样诞生的呢？

　　要解答这个问题，我们必须要依靠化石提供的证据。目前，人类发现的最古老的化石是出土于澳大利亚的原始细菌化石，人们根据这些化石，推测最早的生命出现于 35 ~ 38 亿年以前。到了 26 亿年前，最早的单细胞藻类出现了，这些拥有叶绿素的蓝绿藻可以通过光合作用合成氧气。从此，生活在氧气环境中的生物开始出现。到了 16 亿年前，革命性的多细胞生物开始形成，生命进入了高速发展时期，直到大约 6.35 亿年前，真正的动物才开始出现。

　　目前发现的最古老的动物化石，是古海绵化石。这些化石具有无脊椎动物的特点，与现代的海绵十分相像。到了大约 5.4 亿年前的寒武纪，动物演化出来硬质的组织，从此生物多样化急剧

153

发展，科学家们把这个时期称为生命的大爆发时期，著名的三叶虫也诞生于这个时期。寒武纪之后，地球上的物种演化又经历了数次波折，才形成了我们今天丰富多彩的生物圈。

珊瑚是动物还是植物

工艺品市场里的珊瑚千姿百态，而由于它们的长相很接近树枝，所以自古以来，人们都把珊瑚当作植物来看待。到了 18 世纪的工业革命时期，还出现了一种更新的说法，认为珊瑚软软的触手就是珊瑚的花，这在当时的科学界还引发了不小的争论。其实，珊瑚礁的主体是由珊瑚虫组成的，珊瑚虫是海洋中的一种腔肠动物。

珊瑚大多生活在浅海里，在海水温度高、水流速度快的海域经常能见到它们的身影。这些珊瑚靠着那些长得像花一般的触手在洋流里"捕猎"，触手把浮游生物送进珊瑚的口中，完成营养的摄取。同时，消化后的残渣也从这些口中排出。然而，这些证据似乎还不足以让人们相信珊瑚是动物，因为动物们似乎都是从自己的妈妈的身体中生出来的，而谁也没有见过大珊瑚生小珊瑚。那么，珊瑚又是怎样繁殖和生长的呢？

原来，珊瑚是靠一种叫作"出芽"的方式进行生殖的。这些从大珊瑚上长出来的小芽体并不会离开母亲，而是和母体连接并慢慢延伸，这样，一个珊瑚就慢慢长大，变成树枝一样的"奇怪"

▲ 活着的珊瑚

▼ 死亡的珊瑚

生物。构成这"枝繁叶茂"的珊瑚的每个小单体其实就是我们俗称的"珊瑚虫"，而我们通常见到的那些硬质的珊瑚，其实就是这些珊瑚虫死亡后留下的骨骼。这些骨骼由于珊瑚种类的不同，颜色和形态也千差万别，这也让珊瑚在工艺品市场里备受青睐。

小朋友现在知道了吧？这些生动的珊瑚艺术品曾经是生机勃勃的动物呢。

为什么很多昆虫要变成蛹

小时候养过蚕的人都知道，当蚕宝宝长到足够大以后便不会继续生长，它们会吐出晶莹细密的蚕丝，做成一个个包裹着自己身体的蚕茧，在蚕茧里，蚕宝宝白嫩的身体会逐渐变化成为一个褐色的蛹。等到破茧而出的时候，蚕已经长出了翅膀，变成了飞蛾。羽化的飞蛾交配后会产下新的蚕卵，等待着下一次孵化，由此周而复始。

自然界中的很多昆虫都和蚕一样，它们的身体发育会经历4个不同时期的变化，分别是卵、幼虫、蛹、成虫。在这4个阶段里，只有成虫阶段的昆虫具有飞行和繁殖能力，如飞蛾就是蚕的成虫，而蝴蝶就是毛虫的成虫。生物学里把昆虫化蛹变成成虫的过程称为完全变态发育，在此期间，昆虫停止进食，自身形成一个封闭的蛹，而其身体的外部形态、内部生理结构和生活习性在此时发生显著变化，从而完成性成熟的过程以进行生殖活动。化

▲ 昆虫的不完全发育和完全发育

蛹是昆虫家族上亿年来进化的结果，许多昆虫的蛹还能够抵御恶劣的自然环境带来的损害，给昆虫提供安全的生长空间。

和蚕不同的是，自然界也有很多昆虫并不会经历明显的4个阶段的发育。比如，我们熟悉的害虫蝗虫，它的发育就只存在卵、若虫和成虫3个阶段，这种不经历蛹阶段的发育类型叫作不完全变态发育，蝗虫的若虫与成虫长相类似，只是翅膀和生殖系统都没有发育完全，随着一次次的蜕皮，若虫最终发育完全，成为有生殖能力的成虫。

157

蜻蜓为什么要"点水"

在夏夜的池塘边，人们往往能看到小直升机一般的蜻蜓在水面上盘旋。蜻蜓们不时地快速靠近水面又突然停住，用尾尖在水面上轻轻一点，激起阵阵的涟漪，犹如武侠小说中的武林高手一般轻盈优雅，这就是人们常说的蜻蜓点水现象。如果你认为这只是蜻蜓在炫耀它的飞行技巧，那你就大错特错了。那么，蜻蜓为什么要频频地点水呢？

原来，蜻蜓虽然是昆虫界不折不扣的"飞行员"，但和许多其他的昆虫不同，它们的卵和幼虫是在水中孵化成长的。为了繁衍后代，蜻蜓要把受精卵排到水中，受精卵到了水中会附着在水草上，不久便会孵化为幼虫。

蜻蜓的幼虫叫作"水虿"，虽然它们也有 3 对足，但却没有飞翔用的翅膀。它们的下唇很长，可以伸长变成小钳子，捕捉同样生活在水里的蚊子的幼虫"孑孓"。等时机成熟，水虿会从水里爬出开始羽化。经过了羽化的过程，水虿原来又短又胖的肚子会变得越来越细长，原先叠在一起的翅膀也逐渐展开，最终变成蜻蜓的模样。

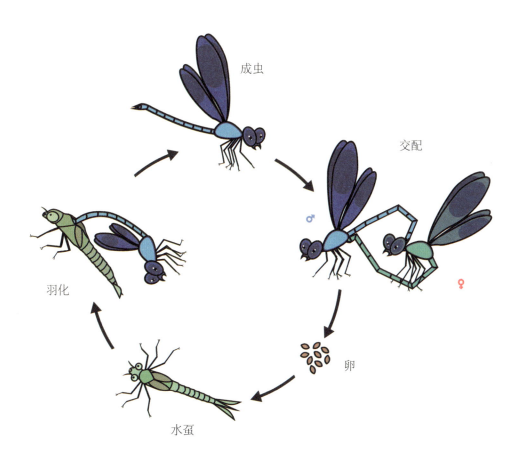

成虫

交配

♂

♀

羽化

卵

水蚤

▲ 蜻蜓的发育过程

小贴士

　　有趣的是，雄蜻蜓是昆虫界有名的"模范丈夫"，雌蜻蜓在水面产卵时，雄蜻蜓唯恐"妻子"失足落水，它会飞在雌蜻蜓上方，用尾尖钩住雌蜻蜓的头部，拖着雌蜻蜓在水面产卵。这种对妻子无微不至的照顾还真是令人称赞呢！

为什么有的鲨鱼是胎生

养过鱼的人可能会知道，鱼类大多是通过产卵的方式繁殖后代的。不过有趣的是，许多生活在深海里的凶猛的鲨鱼，如残暴的大白鲨，却是直接从肚子里生出小鲨鱼的，而另一些体形相对小的鲨鱼，如虎鲨，仍然保留着鱼类卵生的"传统"。不仅是鲨鱼，很多蛇类也有类似的特性。

所有的鸟类、大部分的爬行动物及鱼类都是通过产卵的方式繁衍后代的。在一颗小小的受精卵内，往往能够储存胚胎发育所必需的蛋白质、脂肪、糖类、维生素和无机盐，即使是重达几十千克的巨蜥，也是从一颗小小的巨蜥蛋成长起来的。这种脱离母体，完全依靠受精卵内的营养物质完成胚胎发育的生殖方式称为卵生。

不过，在长达上亿年的物种发展历程中，一些鲨鱼为了更好地繁衍种族，演化出了一些更为精妙的生殖方式，这些鲨鱼虽然不具备哺乳动物那样胎生的条件，但它们却会把本该排出体外的受精卵留在体内孵化。这种繁殖方式无疑给受精卵提供了一个安全温暖的港湾，让后代可以安全地孵化而不受外界危险的干扰。这种表面上是胎生，但实质却是卵生的生殖方式叫作卵胎生。

通过观察不难发现，采用卵生的鱼类一般产卵量会比较大，这样一来，即使受精卵遇到危险有所损失，最终孵化的后代仍然可以保证一定的数量。而那些采用卵胎生的<u>鲨鱼往往产卵量</u><u>十分有限，如果不利用卵胎生的方式繁殖，恐怕整个种族都会</u><u>很快灭绝。</u>

▲ 大白鲨　　　　　　　　　　　　　　　　　　▼ 虎鲨

海马是父亲生的吗

在碧水莹莹、色彩缤纷的海底世界中，常常能见到一种奇特的鱼类——海马。这种只有十多厘米长的鱼类全身覆盖着硬质的盔甲，它们头部像马，尾巴像猴，身体像是一尊有棱有角的木雕。而更加奇特的是，这种活蹦乱跳的小精灵居然是从爸爸的"肚子"里生出来的。

当繁殖季节到来时，在雄海马的腹壁上会慢慢地合成宽大的"育儿袋"，雌海马就将卵产在雄海马的育儿袋里。此后，育儿袋里会长出功能上类似人类胎盘一样的毛细血管网，上百粒卵就在这样的育儿袋里发育。等到发育完成，雄海马便会把海马宝宝们"分娩"出来。

海马之所以要用这样奇特的方式繁育后代，是因为在浅海中存在着很多海马的天敌，刚产下的大批卵，很容易成为其他动物美味的"盘中餐"。有些鱼类一次产卵可以达到近千万粒，但最后能够真正能变成幼鱼的数量可能还不到总数的1%。海马这样的做法无疑大大保证了受精卵的安全孵化率，保证了海马家族生生不息地繁衍。

那么，为什么海马不在妈妈的肚子里发育呢？首先，雌海马的身体并不会产生雄海马那样的育儿袋。其次，海马是卵生的鱼类，需要在体外受精，这样一来，雌海马即使有育儿袋，也不能

◀ 海马

直接将卵留在体内，因为如果没有雄海马使卵子受精，未受精的卵细胞是不能发育成海马宝宝的。

青蛙都会把卵产在水里吗

　　春天的池塘边，人们总能发现黑色的成团的青蛙卵粒。这些卵粒会变成可爱的小蝌蚪，随后经过变态发育，小蝌蚪长出四条腿后就会跳出水面来到陆地上生活。我们把这种幼年必须在水环境中发育，成年后可以到陆地生活的动物称为"两栖动物"。

163

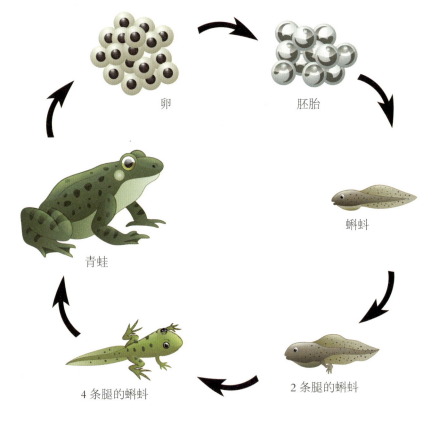

卵　　　　　　　　胚胎

蝌蚪

青蛙

4 条腿的蝌蚪　　　　2 条腿的蝌蚪

▲　青蛙的生命周期

　　不过，在千千万万的蛙类大家庭里也存在不少特例。栖息在南美洲的达尔文蛙的卵产在陆地上，当小蝌蚪孵化出来后，雄蛙会将它们含在嘴里，直到小蝌蚪发育成小青蛙，雄蛙才会把它们吐出来，让它们独立生活。

　　同样生活在南美洲的负子蟾的背上长有许多凹陷，而受精卵就会被搬运到雌蛙背上的凹陷里。产卵期间，雌蛙背部的皮肤就会开始软化隆起，直到将整个卵镶嵌到皮肤里。随后的三个月里，小负子蟾就在这样的"摇篮"里发育，直到完全发育成熟，它们才会钻出妈妈的脊背。

　　不过，蛙类能够想出这样别出心裁的孵化方法也实在是环境所迫。当它们生活的环境无法提供足够的水分时，它们只能尽量让下一代在相对湿润的环境中发育，甚至提供自己的身体。在我们赞叹大自然丰富多彩的同时，也应当对那些在严酷条件下还能够想方设法生存下来的生物表示敬意。

蜗牛会换壳吗

　　如果仔细观察，我们会在路边潮湿的草丛中发现蜗牛的身影，这种可爱又胆小的动物常常因为缓慢的爬行速度和螺旋状的外壳而给人们留下深刻的印象。蜗牛的壳是它们的标志性特征，不论爬到哪里，不论路途多么崎岖，蜗牛都会牢牢地背着它，一刻也不放松。

　　蜗牛是雌雄同体、异体交配的卵生动物，两只蜗牛交配后

会各自产下一定数目的卵，这些卵孵化后就会变成小米粒大的小蜗牛。我们知道，刚从卵中钻出的小蜗牛就已经背着壳了，而随着时间推移，最初那小小的房间显然容不下逐渐长大的蜗牛。那么，蜗牛会像寄居蟹那样不断换壳，从而满足自己对住房空间的需求吗？

其实，蜗牛是不能随意换壳的，它们的肉身与壳紧密相连，许多重要的器官都生长在壳里，一旦被剥离了外壳，蜗牛也会很快死去。原来，随着身体体积的不断增大，蜗牛外套膜会分泌贝壳成分，在原来的基础上，从外侧长出一圈圈新壳。而越靠近外圈的螺旋也会越宽，蜗牛壳的半径也就越大，从而满足逐渐长大的蜗牛的住房需要。

由于蜗牛的外套膜能够分泌钙质，所以当外壳被损害致残时，它能够迅速地修补外壳。而每当遇到危险，蜗牛便会用最快的速度缩进壳里，用坚硬的外壳抵御外界的攻击。蜗牛的这些特点赐予了它们惊人的生存能力，所以即便是在那些看起来严酷的环境里，也依然能找到蜗牛的身影。

为什么雄鸟普遍比雌鸟漂亮

在人类社会中，女性对于美的追求要远远胜过男性，鲜艳亮丽的衣着和各类首饰几乎是所有女性共同的爱好。不过在鸟类社会中，这种情况却恰恰相反，那些有着璀璨夺目的美丽外表的往

▲ 雄性极乐鸟

往都是雄鸟，而与之相比的雌鸟却常常是灰暗矮小，特别不引人注目。

比如，分布在巴布亚新几内亚的极乐鸟，雄鸟全身羽毛流光溢彩，当其腾空飞起，其硕大艳丽的尾翼更是有如一条色彩跳跃的瀑布。但雌极乐鸟就朴素极了，一身灰褐色的羽毛，让它们即使飞到你面前也很难吸引你的眼球。

鸟类的这个特点，是其特殊的繁殖习性造就的。每到繁殖季节，雄鸟就要拿出自己的看家本领，站在树枝上对着雌鸟拍打翅膀或上下翻转，令羽毛像耀眼的瀑布般跳跃，以此来展示自己的魅力，吸引雌鸟的注意。所以，拥有漂亮外表的雄鸟，可以赢得更多的交配机会。

对比雄鸟，雌鸟更多的任务是生产并抚养下一代。由于需要长时间卧在鸟巢中不能移动，如果羽毛十分艳丽，雌鸟就会很明显地暴露在天敌的视野内，成为被捕食的对象，而不起眼的灰褐色羽毛反而能与周围环境融为一体，保护雌鸟不被发现，有利于幼鸟的孵化和哺育。

鸡蛋为什么一头大一头小

大家应该都听过达·芬奇画蛋的故事，在上千次的临摹之后，达·芬奇终于可以将鸡蛋画得惟妙惟肖。相信达·芬奇本人一定对鸡蛋的形状再了解不过了，而经常吃鸡蛋的我们也不会对它们陌生。鸡蛋的两端一头大一头小，如同一个不平衡的椭球体，而要弄清楚鸡蛋为什么不是对称的，就要从鸡蛋的形成过程和功能来解释了。

卵在母鸡输卵管中向外移动时，还没有形成硬质的外壳，此时的卵是柔软易变形的。当大头的一端首先被输卵管挤压进入子宫时，卵内的蛋白和壳膜被内部液体的压力挤压，向外扩大，随着蛋壳在子宫里形成，大头的一端就被固定下来。而相反的另一端由于受到输卵管向内的挤压，会逐渐形成小头的模样。

当鸡蛋生出来后，大头的一端会形成一个充满空气的气室。当小鸡快要破壳而出时，它们的头就在大头的一端，当小鸡的头钻出壳膜后，要首先开始呼吸气室内的空气才能存活。小鸡破壳

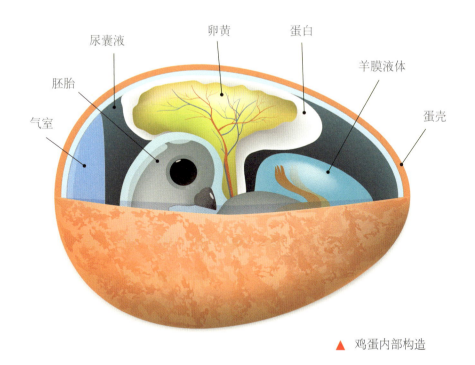

尿囊液　　卵黄　　蛋白

胚胎　　　　　　　　　　　　羊膜液体

气室　　　　　　　　　　　　　蛋壳

▲ 鸡蛋内部构造

而出时，它们的小爪需要一个强有力的支撑点来协助发力，而鸡蛋小头的部分就是小鸡的支撑点。

因为这些特点，鸡蛋的形状大多都是一头大一头小的椭圆，而那些过圆或过长的鸡蛋，都很难孵出小鸡来。

小袋鼠为什么喜欢藏在妈妈的袋子里

生活在澳大利亚的袋鼠是一种深受当地人喜爱的动物，澳大利亚人甚至把袋鼠的形象印在了国徽上。袋鼠是一种十分有趣的

▲ 袋鼠通过育儿袋抚养宝宝

动物，它们长有一双强有力的后腿，跳跃能力十分强悍，而如果仔细观察，你会发现，经常会有小袋鼠从妈妈的袋子里探出脑袋东张西望，样子十分可爱。

袋鼠是一种比较低等的有袋类哺乳动物，之所以说低等，是因为袋鼠并不像其他哺乳动物那样有真正的胎盘，其幼崽在母亲体内因得不到充足的营养而发育不良。刚刚从妈妈肚子里生出的小袋鼠就只有人类拇指大小，如果直接进入严酷的自然环境中会马上死亡。所以，袋鼠进化出了育儿袋的结构，幼崽出生后马上爬入育儿袋内，找到一只乳头后就紧紧含住。母亲的乳汁会在特殊肌肉的作用下直接喷入小袋鼠的食管，小袋鼠就保持这样的姿势，接连持续几个星期才松口。这样，小袋鼠就在妈妈的育儿袋里完成了最早的发育。

此外，成年袋鼠每次跳跃距离能达到 5 米，移动速度极快，而小袋鼠如果碰到危险就会马上躲进妈妈的育儿袋，被妈妈带着迅速逃走。试想，如果没有育儿袋的保护，小袋鼠是根本无法跟上妈妈脚步的，这样也就十分危险了。

由此可见，袋鼠的育儿袋结构是经过长期演化后适应自然选择的产物。对于袋鼠来说，育儿袋是不可或缺的生育工具。

"虎毒不食子"有事实依据吗

中国有个成语叫作"虎毒不食子"，意思是老虎虽然凶恶，但也不会吃掉自己的孩子。然而，这个成语所描述的现象有事实依据吗？老虎真的不会吃掉自己的幼崽吗？

很遗憾，答案是否定的。在动物界，不仅老虎，很多动物都有类似的食子行为：如我们常见的老鼠，如果闻到幼崽身上的气味改变，就会立马吃掉它们；还有印度懒熊，当生下的幼崽染病时就会毫不犹豫地吃掉幼崽，以防幼崽的尸体招来大型食肉动物，引来杀身之祸；再如外表可爱温顺的兔子，也会在受到惊吓刺激的情况下啃食幼崽。

这些食崽行为在我们看来是不可思议的，但在动物学家看来，这些行为却是动物们为了维持生态平衡做出的不得已的牺

▲ 老虎与幼崽

▼ 印度懒熊与幼崽

性。以与虎同样是百兽之王的狮子为例，其幼狮的存活率只有20%，如果所有的小狮子都能长大，那将会造成草原上的食肉动物数量大增，而草原上的食草动物总量只有那么多，要喂饱这么多的狮子，必然导致食草动物大灭绝，从而毁灭整个草原的生态系统。

所以，我们大可不必因为动物吃掉幼崽就对它们抱有偏见，在很多情况下，这些动物都是为了生存而已。

为什么骡子不能生小骡子

中国民间有句俗语叫"龙生龙，凤生凤，老鼠的儿子会打洞"，这句诙谐幽默的俗语揭示了遗传的最基本规律，这条规律不论在动物界还是植物界都是适用的。不过也有特例，在农村生活过的人可能会见过一种叫作骡子的动物，它们长得像马，但叫起来像驴，是马和驴杂交的产物，但是骡子没有生育能力，骡子是生不出小骡子的。

那么，骡子为什么没有生育小骡子的能力呢？我们都知道，高等动物都是由受精卵发育而来的，而受精卵是由父亲的精子和母亲的卵细胞结合而成的。精子和卵细胞分别携带了父亲与母亲各一半的遗传物质，而这两个一半可以重新拼成一套完整的遗传物质，这就是为什么孩子的长相既像父亲也像母亲的原因。而据研究所知，马有 32 对也就是 64 条染色体，而驴有 31 对 62 条染

色体，这样一来，骡子的细胞里就有 32+31 条染色体，总是有一条来自马的染色体孤零零地无法配对。当骡子进行减数分裂产生生殖细胞时，这样畸形的染色体组就会出现分裂错乱，让其无法产生正常的精子或卵细胞，从而不能得到正常的受精卵，也就没法生育后代了。

小贴士

　　虽然骡子和骡子交配没法生出小骡子，但古今中外却偶然能够见到骡子和马或驴结合的产物，虽然发生这种现象的概率极低，但这无疑是大自然又一次地向我们展示了它的神奇。

▲ 骡子

动物可以改变性别吗

性别是动物个体的重要标志，两性的出现是物种延续和进化的基础，而且不同的性别往往代表了不同的社会分工和生殖责任，是动物与生俱来的属性和标签。对大多数动物而言，性别自出生起就已经被决定且无法更改，然而广阔的大自然无奇不有，谁能想象这个世界竟然存在能够控制自己性别的动物呢？

黄鳝作为一种经济鱼类，常常出现在我们的餐桌上，然而很少有人知道，其貌不扬的黄鳝居然拥有改变自己性别的神奇能力。原来，在出生时，所有黄鳝体内都有卵巢，所以都是雌性。但等到黄鳝性发育成熟，产过卵后，原来的卵巢组织就会转化为产生精子的精巢，原来的雌性黄鳝就会变成雄性，有经验的养殖者都知道，雌黄鳝的个头儿一般较小，而变成雄性后就会变得更加粗壮，这也是一种区分黄鳝性别的简单方法。科

▼ 黄鳝

学家们称黄鳝这种改变性别的现象为"性逆转"，黄鳝依靠这种能力，每年都能保证一定数目的雌性或雄性黄鳝，为种族的延续提供了可能。

除了能够转变性别的黄鳝以外，还有一些鱼类存在雌雄同体的现象，如我们常见的鳕鱼，就拥有雌雄两套生殖系统。这种雌雄同体的鱼甚至还能够自体受精，它们用自己的卵细胞和自己的精子结合，形成能够发育成后代的受精卵，达到生殖的目的。

谁是克隆羊"多利"的母亲

1997 年 2 月，一只名叫"多利"的绵羊轰动了全世界，原因是这只出生在英国爱丁堡的绵羊是世界上首例没有经过精子和卵细胞的结合，而是由人工胚胎直接发育成的动物个体。从此，"克隆"这个词语成为了全世界热议的话题。

"多利"与其他绵羊的最大区别，就是它没有父亲，却有三位各司其职的母亲。原来，科学家们首先在母羊 A 的身体里取出了一些普通的细胞，并分离了它的细胞核备用。接着，科学家们又取出了母羊 B 的一个卵细胞，并用 A 羊的细胞核替代了这个卵细胞的细胞核。当这只重组的卵细胞逐渐发育成幼小的胚胎后，科学家们便把这个胚胎移植到母羊 C 的子宫内继续发育。

那么，在这三只羊中，究竟谁才是"多利"的亲生母亲呢？有很多人认为是母羊 C，因为是它经历了怀孕和分娩的过程，

"多利"是从它的肚子里生出来的。然而，从遗传学的角度来讲，"多利"的生母其实是母羊 A。我们都知道，生物的遗传物质储存在细胞核中，而生物的一切性状都是由遗传物质决定的。"多利"的遗传物质完全来源于母羊 A 的细胞核，也就是说，"多利"是母羊 A 的 100% 的复制品，而长大后的"多利"真的是和母羊 A 一模一样。

可惜的是，2003 年的 2 月，"多利"这只传奇的克隆羊因疾病离开了这个世界。之后的尸检结果显示，正值壮年的"多利"开始显露老年动物所特有的征候，它的早年夭折引起了人们对克隆动物是否会早衰的担忧。

第七章

人类生命的延续

遗传学的研究证明，人类起源于非洲大陆，对工具的使用和对语言的运用让人类在动物界脱颖而出，成为具有高等智慧的生物。自从人类开始有了自我意识，我们就开始了对生命延续的探索。

相信每个孩子都产生过类似的疑问：我从哪里来？我是怎么来到这个世界上的？对于这个问题，很多父母一时间也很难给出一个满意的答案。本章就将从这个神秘的问题开始，解释在人类生命延续过程中，那些大家习以为常却不太明白的有趣问题，包括人类的生长发育、性别的形成以及第二性征的发育等。

人类生命的延续是关乎人类存亡的大事，对人类生殖繁衍的研究也是科学界研究的重中之重。我们一起看看科技对人类生命延续的研究和影响吧。

我从哪里来

我们人类都是从小婴儿逐渐长大成人的，那小婴儿到底是从哪里来的呢？原来，妈妈的体内会产生一种特殊的细胞，叫卵细胞，而爸爸也会产生一种特殊的长得像小蝌蚪的细胞，叫精子。在妈妈体内，当精子遇到卵细胞后，它就会进入到卵细胞里，形成受精卵，也就是可以变成小宝宝的"种子"。那么，这么珍贵的"种子"要种在哪儿呢？原来，妈妈肚子里有一个像小房子一样的器官，叫作"子宫"。受精卵会逐渐进入子宫里，像种子种在土壤里一样，种在子宫的子宫壁上。

当受精卵进入子宫壁后，就会受到子宫很好的保护，妈妈会

▼ 人类的受精卵和子宫

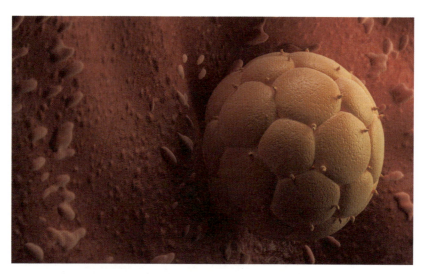

用自己的血液运送养料给受精卵，使他可以慢慢生长成为一个小宝宝。小宝宝的生长过程很缓慢，需要差不多十个月的时间。在这十个月里，妈妈的肚子越来越大，而肚子里的宝宝也完成了体内的生长过程。当宝宝发育成熟，妈妈就将他生出来。这样，一个可爱的小宝宝就诞生了。

除了人类，大多数的哺乳动物都是这样出生的。如果孙悟空真的是只猴子，那它也一定是由猴妈妈孕育而生的。

妈妈肚子里的十个月都发生了什么

胎儿在妈妈的肚子里从受精卵到最终出生，需要整整十个月的时间。这十个月里，妈妈的肚子从一开始平平的，到慢慢变鼓，最后变得像个大西瓜，这过程中都发生了什么呢？

在发育初期，随着受精卵发育成胚胎，胚胎与子宫之间逐渐形成一个厚厚的盘状的结构，称为胎盘。它就像是个超级运输中心，一方面将妈妈体内的营养物质通过血液运送给胎儿；另一方面将胎儿排出的废物运出给妈妈，由妈妈的机体代谢掉。同时胎盘还是个严格的检查站，它会严格检查将要通过的血液成分，并过滤掉对宝宝有害的成分。

有了充足营养的供给，受精卵就慢慢长大，先长出眼、耳、鼻，又长出四肢，接着脚趾、手指也长出来，眼睑开放，耳朵也形成了，这时看起来才像个小宝宝。到第一个月末，小宝宝就开

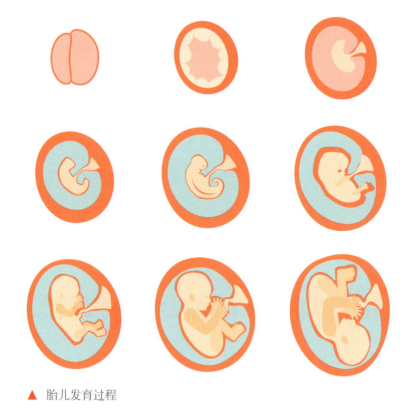

▲ 胎儿发育过程

始有心跳了，四个月的时候小宝宝就长毛发了，宝宝的各个器官也在慢慢成熟。等到足月时，宝宝就准备好来到这个世界了。

小宝宝在妈妈肚子里除了不断生长成熟外，还会做别的事情吗？人们通过超声波扫描观察子宫中的胎儿，发现胎儿竟然能够用眼睛看东西。如果用一束光照射在妈妈的肚子上，胎儿会睁开眼睛，脸朝向光的方向。此外胎儿还有了听力，在给他们放音乐听的时候，他们会转头去听音乐。胎儿还会不停地动，一会儿打打哈欠，抓抓东西；一会儿吮吸手指，伸懒腰蹬腿；一会儿还会吞咽羊水。神奇的是三四个月的胎儿已经可以排尿了。

看来在这十个月里，妈妈的肚子发生了很多很神奇的事情啊。

在妈妈的肚子里，我们先长手还是先长脚

　　每个婴儿并不是最开始就是这个模样，他们都是由受精卵一步步发育而来的。那么，在妈妈的肚子里，一个简单的细胞是怎样长出了躯干和手脚的呢？是先长手还是光长脚呢？

　　受精卵着床后发育为胚胎，胚胎慢慢会发育成三层，分别是外胚层、中胚层和内胚层，这些胚层在之后的生长过程中分别发育成为胎宝宝的各个器官和组织。简单地说，外胚层主要发育成为人身体的皮肤表皮、感觉器官，还有神经系统；而中胚层则

▼ 胎儿刚刚由受精卵发育成胚胎

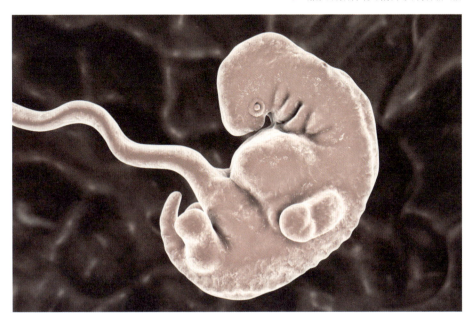

发育成为真皮、骨骼、肌肉和主管生殖排泄的器官等；内胚层主要发育成为主管消化的呼吸道、消化腺、消化道的表皮器官和肝脏、胰脏等。由于胚层发育顺序并不完全同步，各个器官、组织的生成顺序也有先后。

胚胎先是长出胳膊，然后才长出腿，手指也是先行发育的。受精卵着床成为胚胎大约在第4周，这时大脑早就已经开始发育。而心脏在第25天左右开始发育。手臂、手掌和原始脊椎在大约第36天发育。视网膜、鼻子、手指在第52天左右发育。慢慢地，胎儿可以在子宫内进行活动，肌肉和骨骼也快速生长，第12周人体各种器官就基本形成，连眼睛也有了。

在发育过程中，胎儿还会长出尾巴，不过出生时尾巴已经逐渐消失。而诸如吮手指、眨眼睛、翻跟斗等活动，我们在妈妈肚子里的时候就已经会了，生命真的很神奇！

为什么婴儿不用学习就会吃奶

首先，我们来了解什么是学习。对于"学习"，不同角度和学科都有不同的定义，但综合各种定义，可以简单理解为学习是在获得经验后，行为发生变化，从而能力得到提升。我们去学校上课，课下练习舞蹈，闲暇阅读有趣的杂志，都是一种学习行为，而与学习行为相反，这种天生就会、不需要借助经验的行为，像吃奶，生物学上称为"本能行为"，本能是具有遗传性的

▲　正在吃奶的婴儿

先天性行为。

　　本能在动物身上也有体现，我们看到的老鼠打洞、蜜蜂采蜜、不会飞的小鸟张着嘴等妈妈喂等，都属于本能。人类和动物一样，在长期的进化过程中，通过复制把基因遗传给下一代，利于种族生存和发展的那些基因，如控制着婴儿吃奶、老鼠打洞、蜜蜂采蜜这些本能行为的基因，被选择留下来，一代代传递下去。

　　关于基因被选择而在进化中保留下来的观点，与达尔文的生物进化论完全一致，这就是适者才能生存。虽然现在有先进的科学技术和高超的医疗水平，可以对不会吃奶的婴儿进行营养补充，但外界条件的支持稍微松懈了一点儿，如果没有吃奶这项生存技能，我们很难想象婴儿能健康地存活下去，更别说生存在自然界的哺乳动物了。

小贴士

　　看到这里，有的孩子一定会想，如果哪天我们运用科学文化知识的能力变成本能就好了，不用去学校读书，可以自由支配一整天时间该有多好！事实上，学习是一件复杂而精细的认知过程，连吃奶这样一件事都是人类长期进化的结果，更何况学习呢？

孩子长得一定像父母吗

　　在现实生活中，许多小朋友长得很像他们的爸爸妈妈，他们可能有着和爸爸一样卷卷的头发，大大的眼睛，也可能继承了妈妈高挺的鼻梁，小小的嘴巴。但是也有的小朋友却长得既不像爸爸也不像妈妈。比如，皮肤都很白皙的父母，生出的小宝宝却皮肤黝黑，都是双眼皮的爸妈，却生出一个有着标准单眼皮的孩子，这是为什么呢？

　　我们的长相是由我们体内的遗传物质决定的，遗传物质就像是程序代码一样，可以决定我们的长相。而遗传物质非常复杂，它们的基本单位就是基因。这些基因分别负责不同的任务，并且它们都是成对发挥作用的。比如，假如决定头发是直还是弯的基因为 A，那么我们体内就肯定有两个 A，这两个 A 的编码可能完全一样，也可能不完全一样。在成对的基因中有些基因很"霸道"，只要有它们的存在，就必须按照它们的编码呈现特征，这些编码被称为显性基因。相对应的，还有隐性基因，只有当两个隐性基因同时存在时，它们的编码才会起作用。

　　精子和卵子各自承载着爸爸和妈妈一半的基因结合在一起，所以一个小宝宝的基因里既有妈妈的遗传物质，也有爸爸的遗传物质，这样不管小宝宝长得像谁都是有可能的，但是有时候，父母各自有一个隐性基因，当两个人的隐性基因配对时，孩子有可能就出现了跟父母截然不同的性状。另外父母的基因在一起，也有可能会部分重新排列，使其编码产生新的性状，所以虽然经常在孩子身上能找到父母的影子，但是孩子长得并不一定像父母。

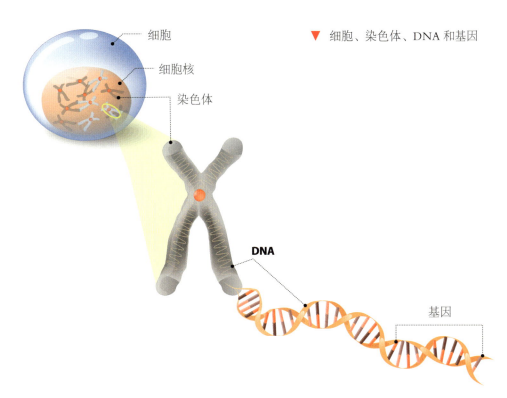

细胞

细胞核

染色体

▼ 细胞、染色体、DNA 和基因

DNA

基因

为什么有些小宝宝是男孩，另一些是女孩呢

　　人类分为男性和女性，妈妈从一开始怀孕就开始猜测自己的宝宝是男孩还是女孩，当胎儿三个月左右的时候就已经确定了性别。那么小宝宝是男孩还是女孩是怎么确定的呢？

　　人类的性别是由遗传物质决定的。承载了遗传物质的结构叫作染色体，染色体就藏在每个细胞中。人类有 23 对也就是 46 条染色体。其中有 22 对染色体叫常染色体，每对染色体彼此是一样的。另外一对染色体叫性染色体，它们直接控制着性别及其相关的生理性状。女人体内，这对性染色体是两个一样的染色体，我们称它们为 X 染色体，也就是说女人有两个 X 染色体。但是男人的这对性染色体却一个是 X 染色体，另一个是 Y 染色体。换句话说，如果一个人具有两个 X 染色体，那么她就是女的；如果各有一个 X 染色体和 Y 染色体，那么他就是男的。

　　了解了这些知识，我们就可以很好地解释宝宝的性别如何确定了。当妈妈产生卵子时，卵子携带着妈妈一半的遗传物质，也就是说卵子只携带了 22 条常染色体和一条 X 染色体。并且妈妈只能产生这一种基因型的卵子。当爸爸产生精子时，会产生两种精子。一种是 22 条常染色体加一条 X 染色体，另一种则是 22 条常染色体加一条 Y 染色体。大量的精子会同时进入妈妈体内，最

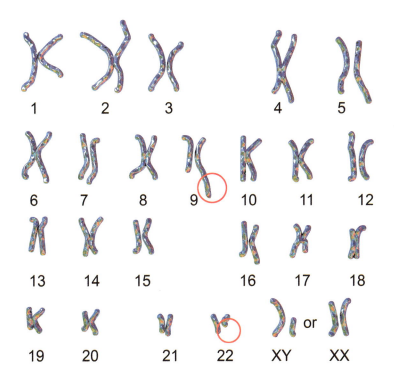

1	2	3		4	5
6	7	8	9	10	11	12
13	14	15		16	17	18
19	20		21	22	XY	XX

▲ 费城染色体核型   ▼ 人类的性染色体

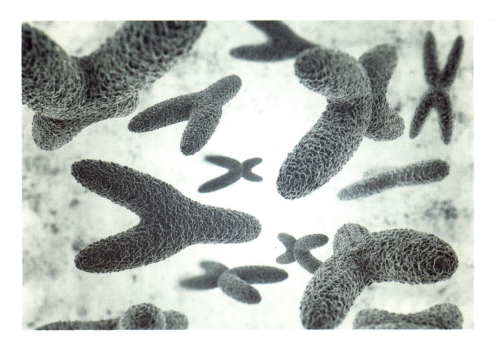

后只有一个精子可以进入卵子内。但是是哪种精子进入卵子却是随机的，如果是携带 X 染色体的精子进入卵细胞，那么形成的宝宝就有 22 对常染色体加两个 X 染色体，则成为女孩。如果是携带 Y 染色体的精子进入卵细胞，形成的宝宝就有 22 对常染色体、一条 X 染色体和一条 Y 染色体，则会成为男孩。

为什么小孩生下来就会哭

我们都知道，婴儿一从妈妈的肚子里出来就会啼哭不止，而在产房里，如果新生儿不哭，医生护士也会用敲打脚底的方法迫使婴儿哭。婴儿的哭并不是发泄情绪的哭，他们的"哭泣"是只有声音没有眼泪的。既然婴儿哭并不是为了表达情绪，那为什么他们一定会哭？医生又为什么一定要让婴儿哭呢？

原来，婴儿第一声啼哭是婴儿走向"独立生活"的第一步，表明可以自主呼吸。如果婴儿出生后不哭，就说明婴儿不能正常呼吸，是非常危险的。胎儿在妈妈的肚子里靠胎盘获得氧气和养料，一旦脱离妈妈身体，婴儿就必须靠自己呼吸获得氧气，并且呼出二氧化碳，所以说这一声啼哭是至关重要的。

人类的胸廓可以扩大和缩小，从而带动肺叶扩大或缩小。当胸口扩张时，肺叶也跟着扩张，这样肺内的气压低于外界大气压，气体就顺利地进入肺叶。相反，当胸廓缩小时，肺叶也缩小，这样将肺叶中的气体挤压出体内，这就完成了我们的呼吸。

当胎儿还在母体中时，胎儿的肺内没有一点气体，还只是一团结实的组织，但它是充满整个胸腔的，而此时胸腔也是处于曲缩的状态。当婴儿出生后，由于姿势改变，整个身体展开而不再团缩在一起，原本曲缩的胸廓突然张开，胸腔就立即扩张，肺叶也跟着扩大，这就是婴儿吸入的第一口气。吸完气后，胸廓又迅速收缩，肺叶也跟着收缩，气体从肺中沿着气管被挤出，这期间气体经过喉头时，喉头肌肉收缩，喉腔内左右两个声带拉近靠拢，冲出的气体冲击声带，声带振动就发出了类似啼哭的声音。所以只要听到了啼哭声，就能肯定婴儿可以自主呼吸了。

▼ 婴儿

双胞胎是怎么回事，
他们一定会长得一模一样吗

　　我们偶尔会遇到相貌几乎完全一样的两个人，他们被称为双胞胎。他们面对面的时候就像是在照镜子。我们也见过所谓的"龙凤胎"，也就是妈妈同时怀了两个孩子，一个男孩，一个女孩。大多数母亲，一次只生出一个宝宝。那双胞胎是怎么回事呢，他们一定是长得一模一样吗？

　　我们知道小宝宝是由受精卵发育而成的。受精卵进入子宫便开始分裂，细胞数量成双、成倍地增加，也就是一个变成两个，两个变成四个。随着细胞不断分化、增殖，一个受精卵最终成为胎儿。当一个受精卵分裂成两个卵裂球，并且在此时因为某些原因使这两个卵裂球完全分开，分别地发育，就形成了"同卵双生"。这样的孪生胎儿，因为来自同一个受精卵，所以具有完全一致的遗传物质，于是他们就会具有一样的性别、血型和相似的外貌。但有的时候，妈妈的卵巢排卵时一下排了两个，两个卵细胞刚好都各自受精成为受精卵。这两个受精卵都成功植入妈妈的子宫，分别发育成胎儿，这就是"异卵双生"。由于这样的孪生儿并不具有完全一致的遗传物质，异卵双生的胎儿，性别、血型可以相同也可以不同，如果性别不一样就成了"龙凤胎"。所以人们俗称的"龙凤胎"一定是"异卵双生"。

▲ 双胞胎

为什么近亲不能结婚

　　《红楼梦》里的贾宝玉和林黛玉的爱情故事令人唏嘘，不过从科学的角度来讲，身为表兄妹的贾宝玉和林黛玉是不该在一起的。事实上，中国的婚姻法对近亲结婚有着明确的规定：直系血亲和三代以内的旁系血亲禁止婚配。

　　在现代遗传学建立以前，近亲结婚曾是十分普遍的现象。比如，诗人陆游和妻子唐婉是表兄妹，汉武帝刘彻和皇后陈阿娇是

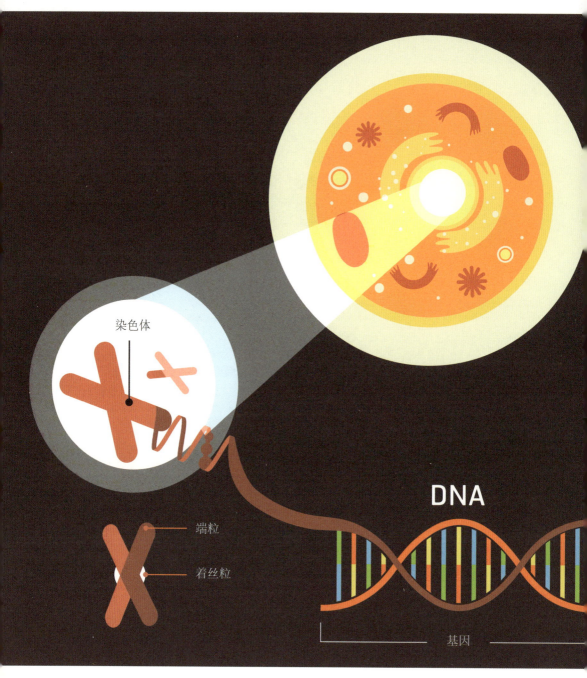

染色体

端粒

着丝粒

DNA

基因

▲ 遗传基因结构

表姐弟。随着社会和科学的发展，人们已经从无数的事实中得出经验教训，近亲结婚的夫妻生育率较低，且后代的死亡率很高。而在那些出生的孩子中，也有很多一生下来就患有多种疾病。

其实，造成这种现象的主要原因是高发的遗传病。所谓遗传病，是指那些由致病基因控制的疾病，常常是先天性的。如果遗传性疾病的基因是隐性的，只要父母双方有一方不携带这种致病基因，后代就不会发病。但是如果父母双方是近亲结合，双方的基因在很大程度上是相同的。一旦双方隐性致病基因结合，就会造成后代遗传病病发。在偌大的人群中，寻找到具有相同隐性致病基因的概率微乎其微，但是一旦缩小到有血缘关系的人群中，这种概率就会大大提高。

所以，中国在法律上禁止近亲结婚，不但在很大程度上减少了由于近亲结婚所导致的家庭悲剧，更是在一定程度上提高了人口的质量。

矮个子父母会生出高个子的孩子吗

著名篮球运动员姚明的身高有226厘米，他同为篮球运动员的妻子叶莉也有190厘米的身高，这对运动员夫妇的女儿从一生下来就备受瞩目，尤其是她超出同龄人的身高，更是成为了人们关注的焦点。一般来说，身材高大的夫妻，他们的子女往往也会长得很高大。相比之下，那些身材矮小的父母，他们的孩子则很

▲ 高和矮

少会长得非常高大。

决定一个人身高的因素有很多，我们把这些因素主要归为两个方面——遗传基因和环境影响。总体来说，高个子父母的子女中身高者较多，这与其父母的"高个子基因"关系密切，是遗传因素发挥的作用。但同时，生活环境也对身高有很大的影响，人在生长发育的过程中，如果遇到有利环境的帮助，就更加容易长高。这也是为什么医生会嘱咐父母让子女在生长发育期多锻炼身体，多补充营养的原因。

"长江后浪推前浪，一代更比一代强"，现在的孩子普遍长得比自己的父母高。除去遗传基因的调控，这与近年来人们生活条件和营养状况的改善也有很大关系。事实证明，那些拥有充足营养，并坚持体育锻炼的孩子，常常会"高人一等"。

第八章

有趣的进化

　　你有没有想过，为什么小猫的后代一定是小猫，而不是小狗？为什么种下西瓜的种子就一定会长出硕大的西瓜，而不是玲珑的豌豆？为什么孩子的长相与父母十分相像却又不完全相同？其实，这些都属于遗传研究的范畴，生命正因为有了遗传和变异的机制，才得以在历史的长河中经久不息，而又不断地变化着。

　　在遗传的过程中，常常伴随着一些有趣的问题，如科幻电影《侏罗纪公园》中复活恐龙的设想，就是一个与遗传物质和生物工程有关的问题。让我们从遗传的本质——基因开始，一步步地认识生命遗传的奥秘吧。

生物为什么要进化

　　根据地球上出土的古生物化石来看，今天生活在地球上的生物，大多数都与它们的祖先不太一样，它们有的变得很大，有的却变得很小，有的长出了复杂的结构，而另一些则变得十分简单。我们将这种生物的性状在世代之间的变化叫作进化（也可以叫演化）。那么，地球上的生物为什么要进化呢？

　　要解答这个问题，就不得不提到著名的生物学家达尔文和他所提出的进化论了。在《物种起源》一书中，达尔文提出了"物竞天择，适者生存"的理论。他认为，生物之间存在着对食物、水源、栖息地和交配权的竞争，而那些更加适应环境的个体会生存下来，不适应的则被自然界淘汰，正如达尔文所言："生物正是通过遗传、变异和自然的选择，从低级到高级，从简单到复杂，种类由少到多地进化着、发展着。"

　　举例来说，有一种观点认为，远古时代的长颈鹿并不像现在的长颈鹿那样有长长的脖子，它们习惯低下头，以低矮的灌木为食。但是，随着地球气候的变化，低矮的灌木不再生长，这时，那些脖子稍长的长颈鹿因为可以吃到高处的树叶而有幸存活了下来，而那些脖子短的个体就只有被饿死。随着时间的推移，这些长脖子的长颈鹿逐渐成为长颈鹿群体的主流，而它们也将自己的"长脖子基因"遗传给下一代，让下一代天生就拥有长长的脖子。

▲ 生物进化历程

久而久之，经过很长时间的遗传、变异和自然选择，长颈鹿就变成今天的样子了。

由此可见，生物的进化实际上是一个被动的过程。当环境改变，生存受到威胁时，一个种群中就会出现一些能适应环境变化的个体，而这些个体在生存下来的同时，也可以将这些"优秀"的基因传给后代。经过无数代的遗传、变异和自然选择，生物就适应了环境，发生了改变，也就是我们说的进化。

为什么人的指纹可以用来识别身份

影视剧中常常出现这样的情节：侦探们拿着放大镜仔细查看案发现场，终于在某件物品的表面发现了犯罪嫌疑人留下的指纹，并最终通过这个线索锁定罪犯，将其绳之以法。指纹之所以可以用来破案，是因为每个人的指纹都是与生俱来且独一无二的。曾经有犯罪分子试图用火烫、刀割、腐蚀等方式消去指纹，妄图以此逃脱法律的制裁，但是等到伤口痊愈后，指纹竟又恢复如初了，真是令人无可奈何。

人类的指纹是由基因控制的，由于每个人的遗传基因均不相同，所以指纹也就不同。在皮肤发育过程中，手指上的皮下组织长得比表皮快，因此会对表皮产生上顶的压力，迫使表皮逐渐产生突起和沟壑，形成纹路，而这其中每一条纹路的分支、起点、终点以及结合点都是在基因的控制下产生的。小小的指纹拥有着

▲ 指纹识别

100 种以上的不同特征，如果用数学的方法计算，这些特征互相搭配可以形成的随机组合，其数量远远大于人类人口的总数。所以，每个人的指纹几乎不可能完全相同。

根据指纹的这种独特性，科学家们逐渐将指纹识别技术运用在了生活中的方方面面，如指纹钥匙、指纹打卡等。而随着指纹识别技术的普及和优化，我们甚至可以在个人电脑和手机上使用这种便利的识别功能，既免除了繁琐的密码输入，又将个人资料更加安全地保护起来。

现在，除了指纹识别技术，科学家们还发明了掌纹识别、虹膜识别、声音识别等更先进的身份识别技术。有了这些技术的帮助，我们的生活和工作一定会变得更加便捷、高效。

非洲人是被晒黑的吗

在广袤的非洲大陆上生活着的人类，是占世界人口总数9%的非洲黑人。黑人的皮肤黝黑，嘴唇宽厚，鼻梁宽平，与我们亚洲人的长相有着很大的区别。由于赤道横贯非洲的中部，有近四分之三的非洲土地常年受到阳光的垂直照射，所以人们经常将非洲黑人和非洲的酷热联系起来，认为黑人的皮肤是被太阳晒黑的。事实真的是这样吗？

经研究发现，人类皮肤的颜色深浅，是由皮肤中黑色素的含

▼ 不同肤色的宝宝

量决定的：欧洲人皮肤中的黑色素最少，皮肤颜色很白；非洲人皮肤中的黑色素含量很高，皮肤颜色最深；亚洲人皮肤中黑色素含量居中，肤色接近黄色。我们知道，经常晒太阳的人皮肤会变黑一些，而经常在房间里生活的人肤色就会变浅，这是皮肤中的黑色素含量发生变化的结果。不过，对于非洲人来说，他们的皮肤天生就是深色的，即使生活在高纬度的欧洲，皮肤的颜色也不会因此变白，这又是为什么呢？

　　其实，人类皮肤的颜色不同，是人类不断适应环境的表现，是人类千万年来进化的结果。我们知道，阳光中的紫外线有帮助人体合成维生素 D 的作用，维生素 D 是生长发育中不可缺少的，但同时，过多的紫外线照射会增加皮肤癌的发病率，严重影响人类的寿命。所以，过少或过多地晒太阳都是不利于人类生存的。对于常年受到阳光直晒的非洲人，黑色素可以像遮阳伞一样，阻挡过多的紫外线照射，保护皮肤不受损害。所以，在自然选择的过程中，那些皮肤颜色深的非洲人更容易生存下来，而这些人会把控制深色皮肤的基因传给自己的后代，这样一来，经过漫长的进化，非洲人就都是黑皮肤的了。

　　由此可见，非洲人的皮肤不是被晒黑的，而是千万年来遗传和进化的结果。

为什么人的眼睛长在前面

"眼观六路、耳听八方"形容遇事多方观察，"眼见为实、耳听为虚"强调了事实的重要性。眼睛是人类感受外界环境最直接、最精确的器官，是人类最重要的感觉器官之一。因为眼睛的存在，我们才可以感受碧海蓝天，才能够更好地认知这个美丽的世界。

但你有没有想过，如果眼睛不是长在前面，而是长在身体其他部位，会不会有更多的好处？有人认为，如果人类像梅花鹿那样，眼睛长在头的两侧，可以大大地开阔我们的视野。不过他们没有想到，虽然左右各一只眼睛的分布可以开阔视野，但同时也会导致我们无法专注于眼前的事物，分辨不出物体的远近和细节。喜爱观察星象的人说，要是眼睛长在头顶，岂不是每时每刻都可以欣赏美丽的天空吗？不过对于大多数人来说，他们可不会愿意时时刻刻都向上看，人们最需要了解的还是我们脚下的路。

看来，眼睛长在前面，实在是人类最合适不过的选择。其实，根据科学家们的推测，人的双眼之所以长在头部前方，是长期进化的结果。在人类漫长的生物发展过程中，总是为了能够更好地适应环境而做出基因的最佳选择。眼睛长在高高的头部正前方，就能够看得更远，更加利于寻觅食物和勘察环境。同时，当我们的视野集中在身体前面，就能够精确地判断环境的细节，这对于工具的使用也是不可或缺的条件。除此之外，眼睛长在前方，还可以集中观察前面的状况，这在生存竞争中尤为重要。

小贴士

在长期的进化过程中，适者生存是自然界不变的法则，人类今天的身体形态，是千万年来进化的结果。

▼ 人的眼睛长在头的前方

孩子的身体在白天长得快还是夜晚长得快

　　我们都知道，每天都有白昼和黑夜，加在一起一共有 24 个小时。其实我们每时每刻都在生长，但每一时刻的生长速度却不同，白天和夜晚相比的话，哪个时间段会长得比较快呢？

　　科学家们很早就对这个课题产生了兴趣，经过多年的研究，他们发现黑夜比白天更适合生长，这也是为什么我们都是白天上学工作、晚上睡觉的原因。当夜色降临时，我们的身体会发生很

▼ 人体生长激素模型

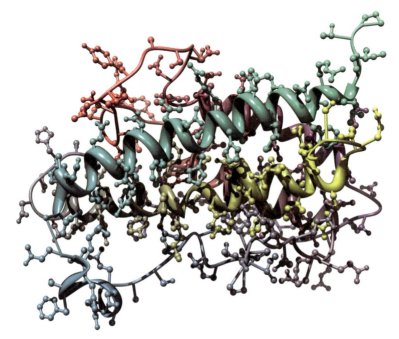

多细微的变化，尤其是睡眠的时候，我们的身体机能都会减慢速度，帮助我们更好地休息，养足精神应对第二天的工作和学习。

当人睡眠的时候，不同的时间阶段，不同的器官会进行排毒，将对人体无用的东西排出体外，让人更好地吸收营养物质，更好地成长。同时，晚上人体还会分泌生长激素，让我们在不知不觉中越长越高、越来越聪明，这也是我们到了一定的时间就会困的原因，因为身体对我们发出了信号，这时，就要休息了。

如果晚上不好好休息的话，身体健康就会慢慢受损。缺乏睡眠的后果不仅是生长缓慢，还会导致我们的智力、心脏等受损，无法高效率地学习和工作。所以，为了更好地成长，为了身体的健康，每个人都应该好好睡觉。

癌症会遗传吗

癌症作为人类健康的头号杀手，无时无刻不在威胁着我们的生命，可以说，人类对癌症的恐惧已经到了"谈癌色变"的程度。我们都知道，有许多疾病，如高血压、糖尿病、血友病等，都是可以遗传的。那这么可怕的癌症会不会遗传呢？

在人类的基因中，有一种基因叫原癌基因，这种基因在"安静"时对我们的身体没有任何影响，但是它一旦被激活，就会影响细胞的功能，诱发癌症。与原癌基因相对，我们的细胞里还存在一种对人体有益的抑癌基因，这种基因能够抑制原癌基因的激

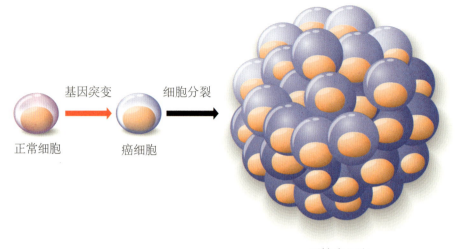

基因突变　　　细胞分裂

正常细胞　　　癌细胞

恶性癌细胞

▲　细胞癌变过程示意图

活，防止癌症的发生，而如果抑癌基因发生突变，也同样有可能导致癌症的发生。科学家们研究发现，原癌基因的激活和抑癌基因的沉默主要是由一些外部因素引起的，如环境污染、化学毒素、电离辐射、自由基污染、微生物感染等。其次，一些不良的生活习惯，如饮食不健康、吸烟、饮酒、生活压力大等，也会加大人们患癌症的风险。

　　虽然目前还没有直接证据证明癌症可以遗传，但是我们仍然能找到"癌症家族"的例子。比如，拿破仑死于胃癌，而他的父亲、姐姐也都患有胃癌。人们猜测癌症的发生可能需要一定的遗传背景，如某些特殊的人群会更容易患某些癌症。但是这种说法并没有被科学证实，因为在同一个家庭中的人，他们的生活习惯和生活环境是非常相似的，与其说他们都携带易患癌症的基因，不如从生活方式等方面寻找问题根源。

太空种子为什么能结出巨大的果实

　　如果我们经常留意一些有趣的新闻，会发现其中对巨型蔬菜的报道，如比一个小女孩还大的卷心菜，需要用吊车吊起来的巨型南瓜，半人高的胡萝卜，还有像气球一般大的洋葱，等等。这些蔬菜界的巨人们有一个共同的名字——太空蔬菜，而它们的来源正是大名鼎鼎的太空种子。那么，太空种子是去太空旅行过的种子吗？为什么种子去了太空就可以结出巨大的果实呢？

　　目前，人类已经培育出了很多种太空种子，如小麦、白菜、水稻、大豆等。但是，这些太空种子并不全是太空旅行的旅客，

▼ 太空蔬菜

人们之所以称它们为太空种子，是因为它们的"祖先"都来自太空。人们将运用太空环境培养植物种子的方法称为太空育种，而我们能见到的这些太空种子，都是科学家们精心筛选出来，并继续培育的优良品系。

太空的环境非常特殊，大量存在的宇宙粒子，带有能量的各种宇宙射线和微小的重力，都是可以加速植物基因突变的因素。有趣的是，这种宇宙环境引发的基因突变是随机的，也就是说，有些种子基因突变后结出的果实会变大，但也有的会变得更小或是出现畸形，还有的甚至会结不出果实。所以，当种子回到地球之后，育种专家们往往会用4～6年的时间，从所有的种子中选择出优质的种子，并将其优良的特性遗传给下一代。当子代的性状稳定后，也就是说那些突变的性状能够稳定地遗传时，这样的种子才可以真正地被使用。

在培育出各种"巨人"植物的同时，科学家们还得到了很多具有抗干旱、抗虫害等优点的农作物，为提高农业生产力做出了很大的贡献。

为什么中国要培育杂交水稻

"民以食为天"这句古语说出了粮食对人们生活的重要性。虽然中国的疆土面积排世界第三，但这其中能够种植粮食的耕地面积所占的比例并不大，再加上庞大的人口数量产生的压力，中

▲ 杂交水稻

国的粮食产量问题一向十分艰巨。残酷的现实告诉我们，想要解决中国的粮食问题，就要在粮食生产中另辟蹊径，培育出产量高、品质优良的新型粮食作物。在这样的形势下，中国杂交水稻应运而生了。

杂交水稻的培育原理，是选用遗传上有一定差异，但又各自拥有能够互补的优良性状的水稻品种进行人工杂交。这个培育的方法利用了杂种优势的规律，就像动物界的骡子，是由马和驴交配得来的杂交种，它既有马耐力好的优点，又有驴饲养成本低的特点，比马或驴都要优秀。杂交种能够拥有这样的优势，是因为不同品系的物种的遗传基因存在各自相应的优点和缺点，通过杂交，就可以把不同来源的基因组合起来，取长补短，让后代产生两个亲本的优良性状。不过也有例外，当后代没有继承亲本的优

点，而是相反变成了缺点的组合时，这样的杂交种就会被筛选淘汰出去。

杂交水稻的原理说起来虽然容易，但做起来却是困难重重。杂家水稻的基本思路和技术的发明人是美国科学家亨利，但是由于其设计方案存在缺陷，所以没能大规模推广，虽然后来有日本科学家对杂交水稻技术进行了改进，但这距解决中国的粮食问题还相差甚远。真正用杂交水稻帮助中国走出饥饿的是人称"杂交水稻之父"的袁隆平，他培育研发出的超级杂交水稻将水稻亩产提高了近3倍，不仅帮助中国解决了饥饿问题，也对世界做出了巨大的贡献。

为什么鸡不会飞

鸡是我们最熟悉的家禽之一，它们不仅产出营养丰富的鸡蛋，其本身也是餐桌上不可或缺的美食。如果仔细观察鸡的活动，我们可以看到鸡偶尔会扑棱翅膀跳到高处的围墙上，但是却从来没有人见过鸡像其他鸟类一样飞翔。那么，鸡为什么不会飞呢？

要说鸡为什么不会飞，人类应负全责。其实最早的鸡，也就是鸡在被驯化之前（目前认为是原鸡）是会飞的。因为在野外生存时，鸟类的飞翔本领是非常重要的，这关系到它们觅食和逃避天敌的能力。4000年前，人类将原鸡带回人类居住的地方，开始了漫长的驯化。

▲　鸡

　　当人们开始饲养原鸡时，为了防止它们逃跑，原鸡会被控制在尢法自由出入的笼子里。此外，人们还为原鸡提供食物，让它们不再需要自己觅食，只要待在鸡笼里，就可以填饱肚子。由于人类的保护，原鸡的天敌伤害不到它们，所以原鸡也不再需要迅速地飞走来逃避捕食者。长此以往，这些原鸡慢慢习惯了人类饲养的生活环境，在生物进化的过程中，原鸡的翅膀用于飞行的功能开始退化，身体也越来越笨重，直到翅膀再也不能拖动它们的身体。从那以后，鸡的这种退化的后天性状被一代代地遗传了下来，并逐渐演变，变成了我们今天见到的模样。

为什么比目鱼的眼睛长在同一边

　　说起比目鱼，那可以算得上是鱼类中的一个异类，它们的身体十分扁平，就像是被挤压过，而如果仔细观察，你会发现它们的两只眼睛居然是长在同一侧的！那么，比目鱼的眼睛为什么这么与众不同呢？

　　比目鱼的眼睛可不是一出生就长在同一边的。刚刚孵化出来的小比目鱼跟其他的鱼类没有什么不同，两只眼睛也分布在身体两侧，它们喜欢在水体上层无忧无虑地游泳。但是随着比目鱼的生长，它们的其中一只眼睛就开始慢慢地向另一侧移动，直到两

▼ 比目鱼

216

只眼睛都挤在一侧。不仅眼睛位置发生了变化，此时的比目鱼也开始下沉到水体底层生活，从此长期保持侧卧的姿势"贴"在海底，通过捕食小鱼虾为生。

可是好端端的比目鱼为什么要费大力气把两只眼睛挪到一侧呢？其实，这与比目鱼的生活习性密切相关。成年的比目鱼长期趴伏在海底，它们长眼睛的一侧的身体颜色几乎与环境一致，从而将自己轻易地隐藏了起来。这时，比目鱼只要卧在水底，从容地睁开两只眼睛，就可以观察来来往往的生物，既可以静静地等待猎物出现，又可以很好地躲避天敌捕食。此外，比目鱼的游泳方式也很特殊，它们喜欢侧着身子，像一只盘子一样在水中平移，配上这样特殊的运动方式，两只眼睛长在一侧也是很合理的。

比目鱼的眼睛之所以会产生这么奇妙的变化，主要还是迫于生存的压力。在漫长的进化过程中，比目鱼"另辟蹊径"，选择了用改变自己身体结构的方式，来适应复杂多变的海洋环境，这样的改变虽然不太美观，却为比目鱼家族赢得了珍贵的生存机会。

蝙蝠为什么可以利用超声波

美国著名漫画《蝙蝠侠》在读者心中塑造了一个充满正义感的英雄形象。在漫画中，蝙蝠侠模仿蝙蝠的习性，常常隐藏在夜色中，他通过突然袭击的方式打击坏人，让坏人们闻风丧胆。蝙

▲ 蝙蝠发出超声波

蝠侠在夜里行动时，需要依靠高科技打造的头盔等装备才能准确辨别方位，而对于没有任何科技装备的蝙蝠来说，它们又是如何在伸手不见五指的夜里看清物体的呢？

其实，让蝙蝠引以为傲的并不是它们的视觉，而是它们敏锐的听觉系统。蝙蝠在运动中，可以通过喉咙向前方发出超声波，再通过耳朵接收超声波的回应。根据对返回超声波的分析，蝙蝠不仅可以轻易辨别方向，还能以此探寻到猎物的方位，准确地将猎物捕获。在蝙蝠飞行时，哪怕它闭着双眼，飞行方向也不会有丝毫的偏差。

如果仔细观察，我们会发现蝙蝠的耳朵异常的大，听觉十分敏锐，而相比之下，它们的眼睛不仅很小，还是高度近视，这又是为什么呢？

我们都知道，动物的进化总是向着有利于生存的方向发展。对于昼伏夜出的蝙蝠来说，眼睛的存在并不十分重要，相反，靠不受光线影响的回声定位却格外重要。所以，随着时间的推移，蝙蝠的视力慢慢地退化了，而对其至关重要的听觉系统，却在进化中日益发达，从而让蝙蝠成为了以听觉为主导的动物。

动物是怎么被驯化的

狗是我们人类的朋友，它们忠诚、勇敢、可爱、聪明，是许多家庭里常见的宠物，然而如果告诉你狗的祖先是凶残的狼，你一定会惊讶不已；家猪是被人类大量饲养的牲畜，它们大多性情温顺，没有攻击性，但是它们的祖先野猪却长着长长的獠牙，十分凶悍。那么，为什么我们人类身边的动物与野生的动物有如此大的差别呢？

我们知道，在生物进化的过程中，只有那些适应环境变化的个体才会被保留，而那些不能适应环境的个体就会被淘汰，不断变化的环境扮演了"选择者"的角色。比如，野生的狼，性格凶残的个体更适合在残酷的野外生存，所以野外大多数的狼性情残暴。

然而，当人类开始驯化动物时，这个"选择者"的角色就由自然环境变成了人为干预的环境，对动物选择的标准也就发生了

▲ 柯基犬

▼ 东亚狼

变化。当人类开始定居，出现群落后，狼开始在人类群落周围活动以寻找食物。此时，为了更高效的捕猎，人们开始挑选狼群中那些性格相对温顺的个体，并用这些个体进行繁殖。接着，人们又从这些人工繁殖出的狼的后代里继续挑选体格、智力优秀，性格与人类亲近的个体。久而久之，那些曾经桀骜不驯的狼就慢慢地被驯化成了温顺、忠诚的狗。

有趣的是，在人为选择的过程中，我们也培育了一些更适宜陪伴人类的犬种。比如，人们出于某些原因，保留下了一些短腿、矮小的狗，这些常年被人工喂养的狗，成了人类的好朋友。